静岡県農林技術研究所 編

静岡県田んぼの生き物図鑑

はじめに

　田んぼは、私たちが食べる米を生産する場所である。しかし、田んぼから得られるものは、単に米ばかりではない。身近な水辺環境でもある田んぼは、さまざまな生き物がすみかとしていることが知られている。

　農と自然の研究所の調査によれば、水田で見られる生物種のリストは4700種以上にも及ぶという。また、秋の風物詩として私たちを楽しませてくれる赤とんぼの約8割もの個体が田んぼから生まれていることが報告されている。田んぼは農業生産ばかりでなく、生き物にとってもまた重要な場所なのである。

　最近では、農村の自然に対する関心も高まり、学校や各地で「田んぼの生き物調査」なども盛んに行われている。この図鑑は、皆さんが田んぼで生き物を見つけたり、観察するためのガイドとなるために作られたものである。この図鑑を参考に、田んぼの中の生き物の世界を感じていただけたら、幸いである。

　静岡県農林技術研究所環境水田プロジェクトでは平成19年度より、水田を中心とした農業の多面的機能を解析する一環として、水田や休耕田の生物相調査を行ってきた。

　さらに農林水産省では、平成19年に生物多様性戦略を策定し、平成20年度より科学的根拠に基づく農業に有用な生物多様性指標開発の研究に着手している。静岡県農林技術研究所でも、農水省の研究プロジェクトに参画し、精力的に、水田における有用生物種の探索を行ってきた。この図鑑は、それらの研究成果を、広く利活用していただくことを目的に企画された。

　本プロジェクト研究の推進にあたり、調査に協力いただいた研究機関や地域の方々にお礼申し上げる。また、本書の作成にあたり分担執筆いただいた各著者の方々にも記して謝意を表したい。

静岡県農林技術研究所　環境水田プロジェクト研究リーダー　稲垣栄洋

目　次

はじめに……………………………………………（稲垣栄洋）………… 2
田んぼの種類と特徴………………………………（稲垣栄洋）………… 4
田んぼの作業と生き物観察の時期………………（稲垣栄洋）………… 7
観察の仕方と注意点………………………………（北野　忠）………… 9

昆虫 ………………………（北野　忠） 13
害虫 ………………………（松野和夫） 63
天敵 ………………………（松野和夫） 75
甲殻類・貝類・その他……（北野　忠） 87
魚類 ………………………（板井隆彦） 113
両生類 ……………………（北野　忠） 135
爬虫類 ……………………（北野　忠） 145
鳥類 ………………………（伴野正志） 153
ほ乳類 ……………………（伴野正志・北野　忠） 171
植物 ………………………（栗山由佳子） 175

もっとくわしく調べたい人のための参考図書………………………… 214
索引………………………………………………………………………… 216

Column

減少する水田の水生昆虫たち……………………（北野　忠）………… 26
静岡県におけるタガメの生活史と農事暦………（北野　忠）………… 31
雑草の天敵…………………………………………（稲垣栄洋）………… 58
斑点米って何？……………………………………（松野和夫）………… 73
コモリグモの母の愛………………………………（稲垣栄洋）………… 76
冬に水を張る田んぼ………………………………（稲垣栄洋）………… 93
侵略的外来生物としてのアメリカザリガニ……（北野　忠）………… 105
魚類の検索表………………………………………（板井隆彦）………… 114
外来種………………………………………………（板井隆彦）………… 129
幼魚の見分け方……………………………………（板井隆彦）………… 133
カエルは何を食べている？………………………（稲垣栄洋）………… 152
畦……………………………………………………（栗山由佳子）……… 198
ただの草……………………………………………（栗山由佳子）……… 201

田んぼの種類と特徴

　一口に水田といっても、その立地や環境によってさまざまである。
　地形では、広々とした平坦地の水田と、中山間地の水田とに大別される。中山間地の水田は、里山に囲まれた谷に拓かれた谷津田（谷戸田）や傾斜地に拓かれた棚田がある。
　水田の歴史をさかのぼると、もともと水田は、静岡市の登呂遺跡水田跡に見られるように自然堤防の外側の湿地に拓かれたと考えられている。
　その後中世になると、水が得やすい台地や山際の谷沿いに水田が拓かれていった。これが谷津田（または谷戸田、谷地田）と呼ばれるものである。
　やがて室町時代以降になると石積みなどの土木技術が発達し、山間地の傾斜地に棚田が拓かれるようになった。静岡県内の棚田の多くは、300～500年前に拓かれている。
　棚田には石積みによって畦を築いた石積みの棚田と、土で畦を築いた土坡の棚田とがある。一般的に、石積みの棚田は西日本に多く、土坡の棚田は東日本に多いとされているが、静岡県には石積みの棚田が多いものの、その両者が見られる。また、棚田はその地形から、凹状の谷に拓かれた「迫田（さこだ）型棚田」と凸状の山の斜面に拓かれた「山田型棚田」に区分されることもある。
　その後、戦国時代末期から江戸時代以降になって灌漑水路を作る技術が発達してくると、それまで湿地であった平野部が開拓され新田が拓かれる。大井川流域の新田開発は県内では、もっとも大規模なものであるが、新田開発は各地で行われ、平坦地に広がる水田の多くは、この時期に拓かれたものである。駿河国の農地面積は室町時代に9,150haであったのに対し、江戸時代中期には26,626haと、およそ3倍に増えている。
　里山に隣接する谷戸田や棚田は、森と水田を行き来する生き物が多く見られることで特徴づけられる。
　ニホンアカガエルやアズマヒキガエル、シュレーゲルアオガエルなどのカエルは、成体は森林をすみかとしており、産卵時期に水田にやってくる。また、タイコウチやコオイムシなど水生昆虫もため池と水田を行き来していることから、山間地の水田に多く見られる。
　一方、平坦地に拓かれた水田は、水路が張り巡らされていることから、水路と水田とを行き来する生き物が多く見られる点で特徴づけられる。メダカやドジョウなどの魚類は、もともと水路をすみかとしているが、水田内に遡上して産卵をする。ただし現在では、水田と水路の落差が大きいことが多く、そのような水田では魚類は遡上ができない。そのため、最近では水路から水田へ魚類が遡上できるように魚道を設置する試みも行われている。また、広大な湿地環境となる平坦地の水田は、サギ類など鳥類も多く見られる。
　他方、水田は土壌水分条件によって強湿田、湿田、半湿田、乾田に分けられる。
　沼地に拓かれた強湿田は胸まで浸かって田植えをしたり、舟に乗って稲刈りをしたという逸話を持つ地域であるが、現在ではほ場整備が行われ、強湿田は見られない。

一年を通して比較的、湿潤な環境が保たれる湿田の方が生き物は多いが、近代では機械作業がしやすいように排水が整備され、多くの水田が乾田化している。

　夏になると水田は水を落とす中干し（または土用干し）を行う。また、稲刈り前にも水が落とされ、秋から冬にかけては乾燥状態となる。かつては落水をしても排水が十分ではない水田が多く、湿潤環境が保たれるために、多くの水生生物の生存が可能であったが、近年では、排水が整備され完全な乾燥状態となるために多くの生物が生存できない水田も多い。また、オタマジャクシやヤゴ、水生昆虫の幼虫などは中干しまでに成体や成虫となって陸上に上がる生活史を持つものが多いが、最近では伝統的な農事暦に比べて、田植えの時期や中干しの時期も早まっているため、現代の農事暦に適応できない生き物も多い。

　そのため、最近では生き物のために、中干し時期を遅らせたり、冬期に田んぼに水を入れる試みも行われている。

　また、1970年代から減反政策が行われるようになり、稲作を休閑する休耕田や管理をやめてしまった耕作放棄水田が見られるようになった。休耕田は雑草抑制や水源涵養のために水を入れて「調整水田」とする水田もある。このような調整水田では、中干し管理等が行われないため、水田環境に依存する多くの生物種のすみかとなっている。また、放棄水田も放棄後の年数が短く、湿潤条件が保たれているところでは、水田環境に依存する生き物が多く見られることが多い。

田んぼの構造と生き物

　田んぼは多様な環境から形成されており、このことは田んぼに生き物の種類が多い一因となっている。

　田んぼのまわりには田んぼに水をためるために土を盛った畔がある。畔によって田んぼの中の水環境と畔の陸地からなる水辺環境が形成され、多くの生き物のすみかとなる。

　ヘイケボタルは、幼虫は水中で暮らしているが、畔の土の中で蛹になって成虫になる。

　畔は草刈り管理が行われるために、大型の植物の繁茂が防がれ、中型や小型の多くの植物が生えることができる。また、草刈り管理される畔は、草地環境が維持されることから、草地性の生物が生息することも多い。

　傾斜地の水田の畔は、水田側の前畔と下位の水田へと続く法面、畔の上の平坦なあぜ道の部分とに分けられるが、1本の畔でも、湿潤環境が保たれ、泥を盛る畔塗りによって管理される前畔と、比較的乾燥しやすく草刈りによって管理される法面と、踏み付け圧が強いあぜ道の部分とでは、自生する植物がそれぞれ異なることが知られている。

　また、平坦地の水田では、田んぼの周囲の土手と、田んぼと田んぼを区切る中畔とがある。中畔は土手に比べると乾燥しにくいため、特徴的な植生が見られる。

　里山に囲まれた谷津田では、水田への日当たりをよくするために、山の斜面の草をすそ刈りするが、このような環境では、定期的な草刈りによって草地性の希少な植物がみられることが報告されている。

また、棚田などに見られる石組みの畦は、石と石の間が生き物の隠れ場所になっている。

　谷津田など山間部の水田では、水温の低い水が水田に直接、流入するのを防ぐために水田の山側に、小さな畦を作り、素掘りの溝が掘られている構造が見られる。「ひよせ」や「ほりあげ」と呼ばれるこの溝は、水が切れることなくあるため、ドジョウやメダカなどの魚の他、ヤゴやゲンゴロウの仲間、タイコウチなど水生昆虫が見られる。

　また最近では、水田でイネの育苗を行わなくなり、あまり見られなくなったが、育苗を行う苗代田は、早い時期から水が入るために、多くの生き物が見られる場所である。

　田んぼは、川や小川、用水路、ため池など、さまざまな環境と水でつながっている。田んぼのまわりの水路にも多くの生き物が見られる。同じ水環境でも、水田が水の流れがほとんどない止水域であるのに対して、水路は水田に比べると水の流れが早い流水域であるため、すんでいる生き物は異なる。

平坦地の水田

谷津田

棚田

田んぼの作業と生き物観察の時期

　春になって田んぼに水が入ると、土の中に眠っていた生き物たちが活動を始める。水の中には無数のプランクトンが動き始め、カブトエビやホウネンエビも卵からかえる。また、土の中で越冬していたタニシやドジョウも目を覚ます。
　また、代かきによって水中に酸素が供給されるとコナギなどの水田雑草の種子が発芽を始める。
　田植え体験などで、子どもたちがタモやバケツを持って集まることが多いが、残念ながら田植え時期に見られる生き物の種類は少ない。イネの苗を植えるために代かきを行い、ていねいに管理された水田は、生き物にとって攪乱（かくらん）の程度が大きい。そのため、多くの生き物が田植えの時期を避けて、その前後に田んぼで暮らす生活史を送っているのである。
　カエルのオタマジャクシのように幼体が水中で過ごす生き物は、田植え前に産卵し、田植え時期には陸に上がるものと、田植え後に卵からかえり、水田で暮らすものとがいることが知られている。アカガエル類やサンショウウオ類のように田植え前の早春に産卵するものは北方地域から古い時代に日本に侵入した北方起源の生物種であり、トノサマガエルやヌマガエル、ゲンゴロウ、ミズカマキリなどが田植え後に産卵するものは南方起源の生物種であることが報告されている。
　もっとも最近では、田植え前に田んぼに水が入っている期間が短いため、田植え前に生育する生き物は珍しくなっている。また、田植え後に生育する生き物も、すでに紹介したように中干しによる乾燥が厳しいために生存できないものも多い。
　田植え後の水田は、水の流れが緩やかで水位が安定し、さらにはプランクトンなどの餌も豊富なことから、多くの生き物が水田の中で産卵し、卵からかえった幼い個体は水田内で育つ。水田が「生き物のゆりかご」と言われているのはそのためである。田植え後の水田には、ナマズやメダカなどが水田に遡上して産卵をする。また、タイコウチやミズカマキリなども水田にやってきて産卵を行う。また、豊富な生き物を求めてヘビや鳥類も田んぼに集まってくる。
　一般に、生き物の種類や数がもっとも多く、田んぼがにぎわうのは田植え後40日頃であると言われている。
　梅雨時期には中国大陸からやってくる低気圧とともに、水稲害虫のウンカ類が飛来してくる。この頃になるとウンカを餌とするコモリグモ類の姿も水田の中で見かけるようになる。
　やがてイネの生長につれて、イネの葉を食害する害虫が見られるようになる。
　また、イネが穂を出す頃になると、イネの籾を吸汁するカメムシ類がやってくる。カメムシ類は静岡県では、もっとも重要な水田害虫である。秋の田んぼには、カメムシなどの害虫を食べるカマキリやナガコガネグモなどのクモ類の姿も目立つ。また、イナゴやクビキリギス、クサキリなどバッタやキリギリスの仲間が見られるのもこの頃である。田んぼの畔ではコオロギの仲間が鳴いている声が聞こえる。
　夏の田んぼから羽化した赤とんぼ類は夏の間は田んぼ以外の場所で過ごすが、秋風とともに田

んぼの稲穂の上に姿を現す。

　稲刈りが終わった後の田んぼも生き物を観察するには適している。秋になって水がなくなった田んぼには、コオロギやゴミムシの仲間が歩き回っているし、カエルの姿もよく見かける。また、イネがあるときには気がつきにくかった田んぼの雑草も観察できる。

　また、イネがない時期の田んぼに見られる植物も多い。七草粥の材料となる春の七草のうち、大根と蕪を除いた5種はすべて春の田んぼで見られる野草である。

田んぼの生きものの恵み

　水田をすみかとする生きものはさまざまである。このような生きものの豊かさは、私たちに何をもたらしてくれるだろうか。

　日本では農林水産省生物多様性戦略に基づき、水田の生物の役割を再評価する研究が行われている。水田の中には、害虫を食べる天敵がいる。また、直接的に害虫を食べる天敵だけではなく、天敵の餌となって、天敵の保全に役立っている生き物もいる。さらには、病原菌や雑草の種子を食べたり、有機物を分解して、イネの生長を助ける生きものもいる。

　これまでその役割が明らかでなかった生きものたちの、知られざる働きが明らかになりつつあるのである。しかし、水田の生きものの働きは、このような便益のみにとどまらない。

　畦にゆれる野の花や、風に舞うトンボの姿、夏の夜のホタル、カエルの合唱など、水田の生きものたちが織り成す風景は、私たちにいやしや安らぎを与えてくれる。また、子どもたちがトンボを追いかけたり、水路で魚をとったりした風景もまた、田んぼの生きものによってもたらされていた。春の七草を利用した七草かゆや、ドジョウやタニシなど、田んぼの生きものの豊かさは、豊かな文化をも創り出していた。

　水田の生きものは、じつにさまざまなものを私たちにもたらしているのである。

観察の仕方と注意点

　山や海と比べれば、田んぼは危険の少ない場所ではあるが、事故やトラブルがないよう、注意すべき点がいくつかある。ここでは基本的な服装や持ち物、観察時に必要な道具や、観察時のマナー、ポイントや注意点について簡単に紹介する。

服装と持ち物

　虫に刺されたり、植物の葉で怪我をしたりしないよう、服装は長そでと長ズボンが基本である。特に夏場は直射日光に長時間あたることによって体力を消耗したり、日焼けによる炎症を起こしたりしやすいので注意する。また、熱中症にならないよう帽子もかぶること。

　タオルや手ぬぐいを首に巻いておくと、怪我や日焼けを防ぐとともに、汗をふくこともできるので便利である。

　足元は、濡れやすいのと、毒ヘビやヒルなどの危険な動物から身を守るため、長グツをはくと良い。胴長（ウェダー）を履くと、長グツでは入れない水路や池での採集や観察が可能になる。

　このほか、傷薬や絆創膏などの救急用品、飲み物や食べ物、カッパやカサなどの雨具、筆記用具、カメラは常に持参するよう心掛ける。ポケット図鑑があると、現地で種名や各種の情報を得ることができるので便利である。持ち帰りたいものや、一時的に保管してきたいものが出た場合に備えて、タッパーやビニール袋も用意したほうが良い。

観察時に必要な道具

【昆虫】

　昆虫は非常に種類が多く、大型種をのぞいては、見ただけではなんという種かわからないことが多い。したがって、観察するにはまず採集することが前提となる。陸上昆虫を採集するのであれば捕虫網、水生昆虫を採集するのであればタモ網を用意する。ルーペや携帯式の実体顕微鏡があると小型種の観察に役立つ。

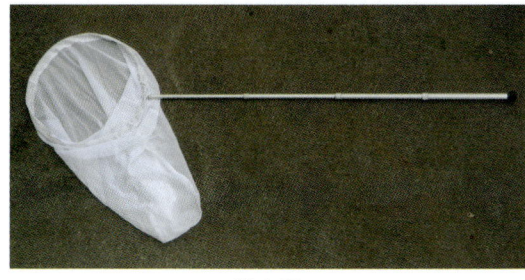
捕虫網

タモ網

【魚類・甲殻類・貝類】

　これらも、上から見ただけでは種を判別することができない場合が多い。タモ網を用いて採集し、肉眼もしくは顕微鏡やルーペ等を用いて良く観察することが必要である。

　水田周辺にある水路や池には長靴グツでは入れないことが多い。胴長（ウェダー）を履くと深

いところにも入れるが、溺れる危険性もあるためくれぐれも気をつけること。

深みのあるところでは、カゴ網やセルビンなども便利である。サナギ粉や米ヌカなどを入れて魚を寄せて採るワナで、魚種は限られるが、思いもかけず大量の魚を採集することができることもあり、重宝する。

水深が深い場所では胴長（左）を履くと便利

カゴ網

【両生類・爬虫類】

特に必要な道具はないが、カメやヘビなどは、人の気配を感じるとすぐに逃げてしまうことがあるため、双眼鏡があると便利である。

カエルやイモリなどはタモ網を用いて採集すると良い。

【鳥類】

離れた場所から観察するため、双眼鏡や望遠鏡が必要である。声を録音する際にはレコーダーがあると便利である。

双眼鏡を使った観察

【哺乳類】

基本的に哺乳類を野外で見つけることは難しい。足跡やフン、食べ跡などのフィールドサインから判断することが多いので特別な道具は必要ではない。高価ではあるが、赤外線感知型のセンサーカメラがあれば、そこに生息している哺乳類を撮影することができる。

赤外線感知型のセンサーカメラ

【植物】

採集や観察にとって特に必要な道具はないが、種の判別が難しいグループについては、シャベルや剪定バサミを用いて一部を持ち帰ることで詳しく調べることができる。

観察時のマナー

(1) 農家の方には必ず挨拶をする

　基本的に田んぼは私有地であるため、入る際には所有者の許可を得ること。農家の方は田んぼのプロであり、仲良くなれば、観察に役立つ情報を教えてくれることも多い。また、所有者の方でなくても、農作業している方がいれば必ず挨拶するとともに、観察で来たことの目的を告げる。

(2) 畦を壊さない

　畦は柔らかく壊れやすいので歩くときには十分に気をつけること。決して走ったりしない。畦が壊れると、田んぼの水の管理ができなくなり、大変な損害となる。

(3) イネを傷めない

　当たり前の話であるが、田んぼはお米をとるためにイネを栽培する場所である。例えば、トンボ採集のために網を振ったり、逃げるカエルを追いかけたりするのに夢中になって、イネを傷めてはならない。

(4) むやみな採集をしない

　採集はそれ自体が楽しく、また様々な情報を得ることができる非常に有意義な自然体験である。持ち帰って飼育したり、標本にして観察したりすることでさらに多くの情報を得ることができる。しかし、必要以上に採集し、その地域の個体群を縮小させるようなことがあってはならない。必要でない個体については、必ず採集した場所に戻すこと。

(5) ゴミは持ち帰る

　田んぼでの観察時に限ったことではないが、出かけた場所にゴミを捨ててはならない。これは観察時のマナーというよりは、人としての最低限のマナーであるが、近年これを守れない人が多くなっているのは残念である。

(6) 物を投げたり、騒がない

　これも、人としての当たり前のマナーではあるが、物を投げたり騒いだりしない。田んぼのわきに何気なく置いてあるものでも、農家の方にとっては稲作に必要な道具である可能性が高い。また郊外の農村のように静かな地域では、人の声が思っている以上に響いていることが多く、騒ぐと近隣の方への迷惑となる。加えて、野生動物は音に敏感であり、騒ぐと逃げて行ってしまうことが多いことから、現地で騒いだりしてはならない。

観察時のポイントと注意点

（1）観察する場所を選ぶ

　観察したい生物が決まっていれば、その生物がどんな場所に生息しているかを調べたり見当をつけたりしておく必要がある。最初は、生きものに詳しい人に案内してもらうことも有効であるが、見つけたい生き物の生息環境についての情報を集め、それをもとに自分自身で探してみよう。発見した時の喜びは何事にも変えられないものがある。

　反対に、同じ地域で様々な生物を観察したいときには、同じような場所ばかりを見るのではなく、水田の中、畦、水路、草地など様々な環境を一通り見てみることが必要である。生物は、種によって好む環境が異なるために、様々な環境を見ることによって多くの生物を観察できる。

（2）観察する時期や時間を選ぶ

　田んぼに水が入ると多くの生物が観察できるようになるが、水が張られる時期は地域によって、または個人によっても異なる。種によっては田んぼに出現する時期が極めて限られていることも多い。また、鳴く虫やホタルなど、1日の中でも活動時間が限られている場合がある。観察する際には、場所だけでなく時期や時間も十分に検討することが重要である。

（3）危険な生き物には注意すること

　毒ヘビであるマムシ（146ページ）やヤマカガシ（147ページ）は、自分から攻撃してくることはないが、うっかり近づいて噛まれることがないように気をつける。アオバアリガタハネカクシ（86ページ）は体液にペデリンという毒があり、つぶすと炎症を起こす。また、マツモムシ（34ページ）は素手で握ると口吻で刺すことがあるので注意する。カエルやイモリなどの両生類は、皮膚の粘液に毒がある場合があるので、素手で捕まえた場合には、目などをこすらず、水でよく洗うこと。ウルシの仲間は触れるとかぶれるほか、イネ科植物のように、葉の縁辺部が細かい鋸歯状になっている植物によって切傷ができることがある。

　このほか、スズメバチやドクガ、ムカデ、ヌカカやブユなどは、地域によっては田んぼ周辺でもみられることがある。刺されたり噛まれたりされないよう注意すること。

（4）メモを取る

　観察に出かけた際には、必ずメモをとる癖をつけること。場所と日時はもちろんのこと、天候、水深、水温・気温、確認できた個体の個体数や特徴、周囲の環境など、可能な限り記録しておくと、後で役に立つことが多い。

（5）家の人に行き先を告げ、1人では行かない

　田んぼに出かける際には、必ず家族の方に行き先を告げておくこと。また、フィールドではどんなことが起こるか分からないので、1人では行かず、何名かで行動すること。

昆虫

北野 忠

ゲンジボタル
Luciora cruciata
ホタル科

発光するゲンジボタル　（写真：北野）

ゲンジボタルの幼虫　（写真：北野）

　体長は15～20mmで、頭部と上翅は黒色、前胸背はピンク色である。また前胸背（上から見て、頭部と翅の間の部分）には、通常は一本の細い縦筋で、中央付近がふくらむ黒色の模様があるが、個体によって変異が大きい。

　成虫は6～7月ころに出現し、夜間に発光しながら飛翔する。本種の発光パターンは、全国的に大きく分けて2秒間隔の西日本型と4秒間隔の東日本型が知られている。静岡県はその境界付近にあたり、地域によっては3秒間隔の発光パターンを示す。幼虫は、丘陵地の水田地帯を流れる水路や、山間部の清流に生息し、主にカワニナを捕食する。静岡では、西部～東部まで広い範囲に生息している。

　初夏の風物詩として人気のある昆虫であるが、遺伝的に異なる地域集団が存在していることから、安易な放流は厳に慎むべきである。

ヘイケボタル
Luciola lateralis
ホタル科

（写真：北野・下2枚も）

ヘイケボタルの幼虫　（写真：JWRC）

　ゲンジボタルに似るが、体長は10～12mmとより小型で、前胸背の黒色部が太いことから区別は容易である。

　成虫は6～8月ころに出現し、オスは夜間におよそ0.5秒間隔で発光する。幼虫は、水田などの止水域や流れが緩やかな小川に生息し、モノアラガイなどの淡水巻貝を捕食する。静岡県では、主に中部～西部に生息し、かつては各地で多産していたが、近年は水田の埋め立てやコンクリート護岸等により生息地および個体数ともに減少傾向にある。

ゲンジボタルの前胸背

ヘイケボタルの前胸背

ガムシ

Hydrophilus acuminatus

ガムシ科

水田に現れたガムシ　　　　　　　　　　（写真：北野）

　体長は33〜40mm程度で静岡県に産するガムシ類の中では最も大型である。体型は長楕円形で、体色は一様に緑がかった黒色である。腹部に刺状の突起があり、和名である「牙虫」の由来となっている。

　成虫は雑食性で、主に水草や水中で腐食した陸上植物を食べるが、魚などの死肉を食べることがある。また、幼虫は肉食性で、モノアラガイなどの淡水巻貝を好む。

　静岡県では、西部と東部で記録があり、主に丘陵地や山間部の水田や池沼に生息しているが、近年、急速に減少傾向にある。

腹面に空気をためるために銀色に見える　　（写真：北野）

ガムシの終齢幼虫　　　　（写真：北野）

背中でモノアラガイを押さえて食べる　　（写真：北野）

コガムシ
Hydrochara affinis
ガムシ科

（写真：北野）

コガムシの終齢幼虫　（写真：北野）

　ガムシに似るが体長は約17mm程度と小さく、やや丸みが強い。体色は一様に緑がかった黒色であり、脚は褐色でよく目立つ。静岡県には広く分布し、主に平地の水田や浅い池沼に生息している。夜間、灯火にもよく飛来する。

ヒメガムシ
Sternolophus rufipes
ガムシ科

（写真：北野）

ヒメガムシの終齢幼虫　（写真：北野）

　体長は10mm程度で、体型は細長い楕円形である。体色は一様に緑がかった黒色である。静岡県には広く分布し、平地から丘陵地にかけての水田、池沼、湿地など様々な止水環境に出現する。個体数は極めて多い。

マメガムシ
Regimbartia attenuata
ガムシ科

（写真：北野）

背面は著しく隆起する　（写真：北野）

　体長は4mm程度で、体型は逆卵型であり、著しく隆起している。体色は一様に黒色である。

　静岡県には広く分布し、主に平地の水田や浅い池沼に生息している。

タマガムシ
Amphiops mater
ガムシ科

（写真：北野）

背面は著しく隆起する　（写真：北野）

　体長は3.5mm程度で、体型は半球状であり、著しく隆起している。体色は褐色〜黒褐色であり、黒色の斑紋が並ぶ。

　静岡県には広く分布し、主に平地の水田や浅い池沼に生息している。

ゴマフガムシ
Berosus punctipennis
ガムシ科

（写真：北野）

ゴマフガムシの卵のう　　（写真：北野）

　体長は6mm程度で、体型は長楕円形である。体色は淡褐色で、上翅には黒色の模様がある。

　静岡県には広く分布し、平地や丘陵地の水田や浅い湿地などに生息する。

トゲバゴマフガムシ
Berosus lewisius
ガムシ科

（写真：北野）

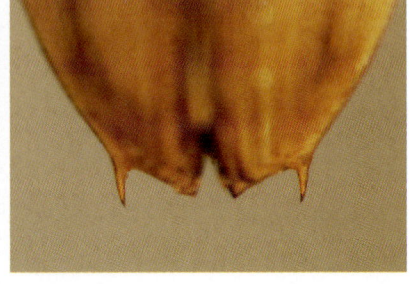
上翅末端のトゲ　　（写真：北野）

　体長は4mm程度で、体型は長楕円形である。体色は黄褐色で、上翅には黒色の模様がある。ゴマフガムシの仲間は、県内で数種が知られ、いずれもよく似ているが、本種は上翅の末端に明瞭なトゲ状突起があることから区別は容易である。

　静岡県には広く分布し、主に平地や丘陵地の水田や浅い湿地などに生息する。生息地での個体数は多い。

キイロヒラタガムシ
Enochrus simulans
ガムシ科

（写真：北野）

体はやや平たい　　（写真：北野）

　体長は4mm程度で、体型は楕円型であり、やや平たい。頭部や前胸背の中心部は黒色であるが、前胸背の周縁部や上翅は黄褐色である。

　静岡県には広く分布し、主に平地の水田や浅い湿地に生息している。個体数は極めて多い。

コガシラミズムシ
Peltodytes intermedius
コガシラミズムシ科

（写真：北野）

　体長は3.5mm程度で、体型は逆卵形であり、膨らみは強い。頭部は小さく、「小頭水虫」の名の由来となっている。体全体は黄褐色で、上翅には窪みのある黒色の模様が並んでいる。

　静岡県では、西部から東部にかけての広い範囲に分布するが、産地は局所的である。平地や丘陵地の水田や池沼などに生息する。

(写真：北野)

コツブゲンゴロウ
Noterus japonicus
コツブゲンゴロウ科

　体長は4mm程度。体型はやや長めの逆卵形であり、背面はよく膨らんでいる。体全体はツヤがあり、頭部と前胸背は黄褐色、上翅は暗褐色である。

　静岡県では西部から東部にかけて広く分布し、平地から丘陵地の水田や池沼、湿地などに生息する。

(写真：北野)

チビゲンゴロウ
Guignotus japonicus
ゲンゴロウ科

　体長は2mm程度。体型は長楕円形である。上翅の地色は暗褐色で、黄色の模様がある。
　静岡県では西部から東部にかけて広い範囲に分布し、水田や湿地、水たまりなど、水深が浅い場所に極めて普通にみられる。
　なお、写真の個体の上翅に白いものが付着しているが、これはツリガネムシの一種である。

(写真：北野)

ツブゲンゴロウ
Laccophilus difficilis
ゲンゴロウ科

　体長は4～5mm。体型は逆卵形である。背面は淡黄褐色や淡緑褐色などやや変異に富む。

　静岡県では主に西部に分布するが、産地はやや局所的である。池沼や水田、湿地などに生息する。

(写真：北野)

クロズマメゲンゴロウ
Agabus conspicuus
ゲンゴロウ科

　体長は10～11mm程度。体型は楕円形であり、背面は膨らんでいる。頭部と前胸背は黒色で、上翅は黒褐色のものから、写真の個体のように褐色のものまで様々である。

　静岡県では西部と東部で確認されている。平地ではほとんどみることはなく、丘陵地や標高の低い山地にある水田や湿地、池沼でみられる。

マメゲンゴロウ
Agabus japonicus
ゲンゴロウ科

（写真：佐野）

マメゲンゴロウの終齢幼虫　（写真：北野）

　体長は7mm程度。体型は楕円形であり、頭部と前胸背は黒く、上翅は暗褐色である。
　静岡県には西部から東部まで広い範囲に分布し、個体数も多い。主に水深の浅い止水域に生息し、時には流れが緩やかな水路などにもみられる。

ヒメゲンゴロウ
Rhantus suturalis
ゲンゴロウ科

（写真：北野）

　体長は11mm程度。体型は長い楕円形であり、体色は黄褐色である。前胸背（上から見て、頭部と翅の間の部分）に、黒く横に長い菱形の模様があるのが特徴である。
　静岡県には広く分布し、個体数も多い。主に水深の浅い止水域に生息し、水田でもよくみられるゲンゴロウである。

ハイイロゲンゴロウ
Eeretes griseus
ゲンゴロウ科

（写真：北野）

ハイイロゲンゴロウの終齢幼虫
（写真：北野）

　体長は 10 ～ 16mm 程度。体型は卵形であり、腹面は膨らんでいる。背面は灰黄褐色で、黒色の模様がある。

　静岡県では西部から東部まで広い範囲に分布し、平地から丘陵地の水田や池沼に生息する。時には、海岸の塩分が混じるような水たまりや、コンクリート護岸化された池でも確認できることがある。

　成虫、幼虫ともによく泳ぐ。また成虫は、他のゲンゴロウ類と比較して盛んに飛翔する性質がある。

シマゲンゴロウ
Hydaticus bowringii
ゲンゴロウ科

（写真：北野）

　体長は 13mm 程度。体型は卵形であり、背面はよく膨らんでいる。体全体はツヤのある黒色であるが頭部前半と前胸背は黄色であり、上翅には後方でつながる黄色の4本の帯と2つの円紋がある。

　県内では分布に偏りがあり、静岡市以東でみられる。平地には少なく、丘陵地の水田や池などに生息する。個体数は少ない。

コシマゲンゴロウ
Hydaticus grammicus
ゲンゴロウ科

（写真：北野）

コシマゲンゴロウの終齢幼虫
（写真：北野）

　体長は10mm程度。体型は卵形であり、背面はやや強く膨らんでいる。頭部と前胸背は黄褐色であり、上翅には黒色と黄色の縞模様がある。

　県内では西部から東部まで広い範囲に分布し、平地から丘陵地の水田や池沼などに生息する。現在のところ個体数は多いが、以前に比べるとあまり見かけなくなった。

ウスイロシマゲンゴロウ
Hydaticus rhantoides
ゲンゴロウ科

（写真：北野）

　体長は10mm程度。体型は卵形であり、目だった模様はなく、体全体はツヤのある黄褐色である。

　静岡県では大井川以西の平地でみられ、特に海岸近くに多い。主に水田や池沼に生息する。

クロゲンゴロウ
Cybister brevis
ゲンゴロウ科

(写真：北野)

クロゲンゴロウの終齢幼虫 （写真：北野）

体長は20〜25mm。体型は卵形であり、背面は緑色もしくは褐色を帯びた黒色である。

静岡県では西部と東部に分布しているが、産地は極めて局所的である。標高が低い山地や丘陵地の水田地帯にある、ため池などに生息する。

ミズスマシ
Gyrinus japonicus
ミズスマシ科

(写真：北野)

ミズスマシの1齢幼虫 （写真：北野）

体長は6〜7mm。体型は楕円形で、背面は膨らむが腹面は平坦である。体色は一様に黒色である。前脚は長く水面に落ちた小昆虫を捕えるのに適している。中脚と後脚は短くオール状である。水面をクルクルとせわしなく泳ぎ回っており、他の昆虫が水面に落ちた際の波を感知し、捕食する。

静岡県では主に西部で確認されており、かつては普通種であったと考えられるが、県内での公な記録は少ない。それでも2000年ころまでは、西部の丘陵地にある池沼や水田、水路の緩流域でみられることもあったが、それ以降はほとんど確認できない状況にある。

本種は水質が良好な池沼に生息し、時には水田で確認されることもある。本種が生息している場所には他の水生生物もが豊富であることから、良好な水環境を示す指標種と言える。

不思議なことに、一見すると環境の変化がないような水辺で、他の水生生物は生き残っているのに対し、ミズスマシだけが忽然と姿を消すことがある。ミズスマシが生息可能な環境要因については不明な点が多く、今後の課題といえるが、それを明らかにするために必要なミズスマシの生息地がすでにほとんど残っていないのが現状である。

Column

減少する水田の水生昆虫たち

　米を主食とする我々日本人にとって、水田やその周辺のため池や水路に生息する水生昆虫はなじみの深いものであったと考えられる。トンボ類のほか、ゲンゴロウやミズスマシ、タガメなどは、数多くの地方名が残っているほか、俳句の季語にもなっている。おそらく、かつてはどの水田でもありふれた存在だったのだろう。実際に、稲作をされている古老の農家の方に水生昆虫についての話を伺うと、みな「昔はたくさんいた」と口をそろえる。また、南西諸島や東北地方など、今でも自然豊かな地域の水田で網を入れると、驚くほど多くの水生昆虫が採集できることがある。

　しかし近年、田園地帯に生息する水生昆虫の多くは全国的に減少傾向にある。ちなみに、日本に産する全ての昆虫のうち、水生昆虫とされるものの割合はわずか7％にも満たないが、2006年に環境省から発表されたレッドデータブックでは394種の昆虫が選定されており、この中で水辺環境に生息する種は30％近くにも達する。レッドリストに掲載された水生昆虫の中には流水性のものも含まれているため、水田周辺の、いわゆる止水域に生息するものばかりが減少しているわけではないが、いずれにせよ水生昆虫が厳しい状況に置かれていることがみてとれる。

　水田環境に生息する水生昆虫が減少した原因としては、開発による生息環境の消失や悪化、かつての強力な農薬の使用、乾田化などが挙げられる。また近年においては、農家の高齢化によって、特に山間部において放棄水田が増加したことも要因のひとつとなっているように思われる。水田が放棄されると一時的には水生昆虫にとって良好な生息地となることもあるが、大抵の場合わずか数年で遷移が進行し草地化してしまい、水生昆虫が棲めない環境となってしまうのである。

1998年7月2日撮影

2009年8月15日撮影

浜松市の山間部における放棄された水田
1998年にはタガメやガムシなど多くの水生昆虫がみられたが、2005年ころに放棄され、その結果水生昆虫は姿を消した。2009年（写真右）には完全に草地と化していた。

Column

　水生昆虫の中でも特に減少が著しいグループとしてはゲンゴロウ類が挙げられる。ここでは、水田もしくはその周辺で生息するものの中で、静岡県では絶滅もしくは絶滅に瀕している種についていくつか紹介したい。

スジゲンゴロウ　*Hydaticus satoi*

　かつては全国的に普通種であったと考えられるが、近年の報告はなく国内からは絶滅した可能性が高い。静岡県でも、1950年に島田市（旧金谷町）で、1959年に伊東市で採集された記録があるにすぎない。

島田市（旧金谷町）産のスジゲンゴロウ
1950年10月8日伊藤義穂氏採集
神奈川県立生命の星・地球博物館蔵

マルガタゲンゴロウ　*Graphoderus adamsii*

　全国的に減少が著しいゲンゴロウである。標本が残っている静岡県での確実な記録は、1979年に浜松市で採集されたもののみである。このほか西部において本種の目撃例の話を聞くが、標本はなく、その後の調査でも全く確認することができなかった。静岡県では絶滅した可能性が高い。

浜松市産のマルガタゲンゴロウ
1979年9月30日細田昭博氏採集
桶ヶ谷沼ビジターセンター蔵

ゲンゴロウ　*Cybister chinensis*

　本州では最大のゲンゴロウである。かつては全国的に普通種であったと考えられるが、各地で減少している。静岡県では、極めて局地的ながら西部から東部にかけて広い範囲で記録されているが、2000年以降の確実な産地はわずか1か所のみである。その場所でも2008年の調査では確認することができなかった。

浜松市（旧引佐町）産のゲンゴロウ
1997年3月31日採集

コガタノゲンゴロウ　*Cybister tripunctatus lateralis*

　現在も南西諸島や九州南部では普通にみられるが、本州では極めて少なくなってしまった。静岡県では1950年に島田市（旧金谷町）で採集された記録がある。また1997年には、掛川市（旧大東町）の河川敷の水たまりで1個体が採集された。その後、周辺で調査を行ったが、追加個体は全く得られなかった。

掛川市産のコガタノゲンゴロウ
1997年11月9日石田和男氏採集

（北野 忠）

タイコウチ
Laccotrephes japonensis
タイコウチ科

タイコウチの成虫　　　　　　　　　　　（写真：石田）

体は扁平で木の葉のようである　　　　　（写真：石田）

ヒメタイコウチの成虫　　　　　　　　　（写真：石田）

　体型はやや細長く扁平であり、体色は淡褐色から灰褐色である。尾部には長い呼吸管をもち、その先端を水面に出して空気呼吸する。呼吸管をのぞく体長は3～4cm。水田や池沼などの止水域に生息し、他の小昆虫やカエル幼生などを捕えて体液を吸汁する。陸上の湿ったコケや泥に産卵する。泳ぐ際に前脚を前後に動かしながら泳ぐさまが、太鼓を打つ動作にみえることから「タイコウチ」の名がついた。静岡県では西部から東部まで広い範囲に分布し、個体数も多いが、都市部では見られなくなりつつある。

　なお、静岡県西部の一部の地域には本種に近縁のヒメタイコウチ *Nepa hoffmanni* が生息している。こちらは体長が約2cmであり、タイコウチと比較してより小型で、呼吸管が極めて短いなどの違いがある。また、湿地環境に生息し、ほとんど水の中に入らない。

ミズカマキリ

Ranatra chinensis

タイコウチ科

ミズカマキリの成虫　　　　　　　　　　　（写真：北野）

　体型は著しく長い円筒形であり、体色は褐色もしくは黄褐色である。尾部には体長と同じくらいの呼吸管をもち、その先端を水面に出して空気呼吸する。呼吸管をのぞく体長は約4cm。主に池沼など水深の深い止水域に生息するが、繁殖期には水田でもみられる。主に小昆虫を捕えて体液を吸汁する。繁殖期である春〜夏に、陸上の湿ったコケや泥に産卵する。静岡県では西部から東部までの広い範囲に分布し、個体数も多いが、都市部では見られなくなりつつある。

　なお、県内には本種に近縁のヒメミズカマキリ *R. unicolor* も生息している。こちらは体長が約3cmであり、ミズカマキリと比較してより小型で、呼吸管が体長の約2／3であることなどの違いがある。また、水生植物が豊富な池沼に生息し、水田ではほとんど確認されることはない。

体は細長く木の枝のようである　　　　　　（写真：石田）

ヒメミズカマキリの成虫　　　　　　　　　（写真：石田）

タガメ
Kirkaldyia deyrolli

コオイムシ科

タガメの成虫　　　　　　　　　　　（写真：北野）

水田の雑草に産み付けられたタガメの卵　　　（写真：北野）

水田でたたずむタガメ　　（写真：北野・右2枚も）

体型は長楕円形で後部はやや細くなる。体色は褐色である。極めて大型で、体長は48～65mm。主な餌はカエル類であるが、魚類、他の昆虫なども捕えて体液を吸汁する。6～7月ころ、イネ科植物や杭などの水面より上の部分に産卵し、オスは孵化するまで卵を世話する。

静岡県では伊豆半島での古い記録があるが、近年は西部でのみ確認されている。水田や池沼などの止水域や、河川や水路の流れが緩やかな場所にみられ、特にカエル類をはじめとする多くの水生生物がみられる水環境にのみ生息している。したがって本種は豊かな生物相を示す環境指標種と言える。

タガメはカエル類を好んで捕食する（写真はヌマガエルを捕食するタガメの4齢幼虫）

掘り上げでみられたタガメ5齢幼虫

Column

静岡県におけるタガメの生活史と農事暦

タガメは、「田のカメムシ」が和名の由来であるように、かつては田んぼでよく見られた水生のカメムシである。本種の生活史や生態については、近年主に西日本で調査された多くの研究報告があるが、ここでは筆者がかつて静岡県浜松市をフィールドとして調査したタガメの生活史と稲作の農事暦のかかわりについて紹介したい。

調査に選んだ場所は、タガメが生息していることを事前に確認済みの、浜松市内の水田脇に設けられた堀り上げ（水田の水はけをよくするために作られた溝）とした。調査期間は1997年7月6日～1998年12月6日であり、月に1度の割合でタガメの個体数、水深、水温、カエル幼生（オタマジャクシ）の個体数密度を調べた。

その結果、タガメを確認できたのは5～8月であり、1年を通じてわずか4カ月間しか水田を利用しないことが明らかとなった。なお、この期間は、稲作のため水田に水を入れ、水深が約20cmになる時期と一致していた。このように、タガメの生活史は稲作の農事暦と同調的であったのである。

タガメがよくみられる掘り上げ

また、タガメの繁殖期である6月から7月には、タガメだけでなくタガメの餌となるカエル類（トノサマガエル、ヌマガエル、アマガエルなど）の幼生も数多く出現していた。タガメに限らず、水田にすむ多くの生物も稲作の農事暦に合った生活史をもっているといえるが、このことにより、タガメ幼虫はエサに不足することなく成長できるのである。

一方、9～12月と翌年の1～4月には、タガメを全く確認できなかった。この時期の水田は、水を落とすために堀り上げの水深も浅く、また水温も低くなっていることから（ただし1997年11月～1998年4月・12月は堀り上げ内に水がなかったために未測定）、タガメの生息地としては適してはいないといえる。この時期、タガメがどこで生活しているのかは明らかでないが、西日本における研究報告では里山の落ち葉の下などで冬越しする例が知られている。また静岡県では、タガメが生息する地域の水路や池で、冬季にタガメが発見される例が何件かあることから、水中で越冬していることも予想される。しかし、いずれにせよはっきりとしたことは明らかではなく、これは今後の研究課題といえる。

このように、人間が稲作のため水田に水を入れると、どこからかやってきて繁殖し、水を抜くころにはどこかに行ってしまうというタガメの生活史には非常に興味深いものがある。しかし原因は明らかでないが、残念なことに、2005年ころからタガメがみられる水田がほとんどなくなってしまった。加えて、道路建設や水田の放棄により、タガメが生息可能な環境は急激に減少している。2008年には、山間部の池ではまだわずかながらに残存していることを確認しているが、「田亀」らしく、また水田で元気な姿を見たいものである。

（北野 忠）

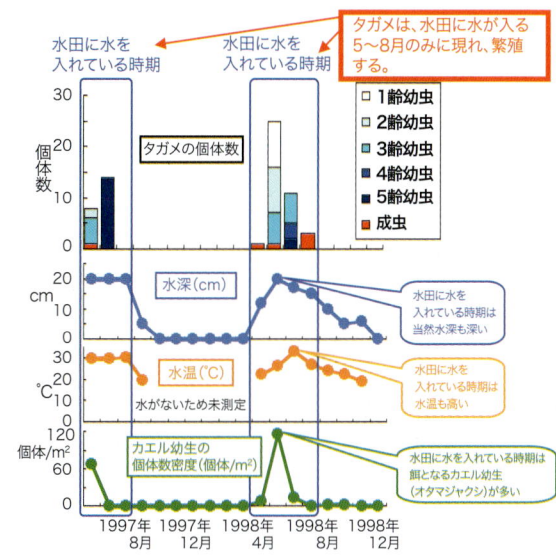

静岡県浜松市の水田におけるタガメの出現と、水深、水温、カエル幼生密度との関係
（北野・畠山、2005を改編）

コオイムシ
Appasus japonicus

コオイムシ科

コオイムシの成虫　　　　　　　　（写真：石田）

体型は楕円で扁平であり、体色は淡褐色である。体長は17～20mm。水田や池沼などの止水域に生息し、他の小昆虫や小型の巻貝などを捕えて体液を吸汁する。繁殖期は4月～8月である。メスはオスの背面に卵を産みつけ、オスは卵が孵化するまで保護する珍しい習性をもつことから「子負虫」の名がついている。

全国的に生息地は減少傾向にあるといわれるが、静岡県では西部から東部まで広い範囲に分布し、特に西部では産地・個体数ともに極めて多い。

なお、本種によく似たオオコオイムシ *A. major* は、県内での産地は非常に限られている。こちらは体長が23mm以上であり、コオイムシと比較して大型で、体色が濃く、口吻が短い。また、オオコオイムシはより浅い湿地環境を好むなどの違いがあるが、慣れるまでは野外での区別は難しい。

卵を背負うコオイムシのオス　　　（写真：北野）

オオコオイムシの成虫　　　　　　（写真：北野）

ミズムシ類
Corixidae
ミズムシ科

ハイイロチビミズムシ　　　　　　　　（写真：石田）

エサキコミズムシ　　　　　　　　　　（写真：石田）

　後脚は遊泳のために長くオール状になっている。マツモムシの仲間に似るが、ミズムシ類は腹を上にして泳がない。一部の種は肉食性であるが、多くは植物プランクトンや藻類などから吸汁する植物食性である。ミズムシ類（ミズムシ科）は複数のグループ（亜科）に分けられ、静岡県の水田周辺でみられるのは、チビミズムシ亜科の数種とミズムシ亜科の数種である。
　チビミズムシ亜科は、体はやや丸みがあり、体長は種によって異なるが2〜3mm程度である。ミズムシ亜科は、体は細長く、体長は種によって異なるが、4〜10mm程度である。
　ここでは両亜科のうち、水田でよくみられるハイイロチビミズムシ *Micronecta sahlbergi* とエサキコミズムシ *Sigara septemlineata* を紹介するが、このグループは、互いによく似ており、種の判別はたいへん困難である。

メミズムシ
Ochterus marginatus
メミズムシ科

（写真：石田）

　体型は楕円で扁平である。体色はツヤのない黒色であり、青灰色の斑紋がある。体長は4〜5mm程度である。
　静岡県では、西部から東部の広い範囲に分布し、水田や池沼などの止水域のほか、河川敷、林道のしみだし水など、恒常的に水がある場所の水際に生息する。過去の記録は少ないが、各地で普通にみられる。
　成虫は驚くとよく跳ね、短い距離を飛んで逃げる。また幼虫は、背中に泥を背負ってカモフラージュする性質がある。

マツモムシ

Notonecta triguttata

マツモムシ科

マツモムシの成虫　　　　　　　　　　　　　　（写真：石田）

マツモムシの体型は長い逆卵型である　　　　　（写真：北野）

コマツモムシの体型は細い円筒形である　　　　（写真：北野）

　体型はやや長い逆卵型で、体長は12～14mmである。頭部や前胸背の前半部は黄褐色で、前胸背の後半と前翅は黒色であるが、前翅には黄色の模様がある。前脚は捕獲脚に、中脚は餌が水面で立てる波を感知するセンサーに、後脚は長く遊泳脚となっている。水田や池沼などの止水域に生息し、常に腹部を上にした状態で泳ぐ。主に水面に落ちた昆虫を捕えて体液を吸汁する。水草等につかまらず、水中で浮遊もしくは遊泳して生活できるため、コンクリート護岸された貯水池などでも生活できる。静岡県では西部から東部まで広い範囲に分布し、個体数も多い。素手で捕まえるとしばしば口吻で刺されるために注意が必要である。

　なお、県内には本種に近縁のコマツモムシ *Anisops ogasawarensis* も生息している。こちらは体長が6～7mm程度であり、マツモムシと比較してより小型で、体が円筒形であるなどの違いがある。

マルミズムシ
Paraplea japonica
マルミズムシ科

マルミズムシ　　　　　　　　　　（写真：石田）　　ヒメマルミズムシ　　　　　　（写真：石田）

　体長は2.3 〜 2.6mmであり、体はやや楕円形で、その名の通り丸みが強い。体色は黄褐色である。水生カメムシ類の中では体が硬く、甲虫類に似た印象を受ける。
　静岡県では、これまで西部から中部で確認されており、主に池沼や水田などの植物が豊富な場所に生息する。背を下にして泳ぐ性質がある。

　なお静岡県には、本種に近縁のヒメマルミズムシ *P. indistinguenda* も生息している。こちらは体長が1.5 〜 1.7mmであり、マルミズムシと比較して小型で、体色がやや薄いことなどから区別できる。過去には、西部の池沼などで確認されており、マルミズムシと同所的にみられるが、産地はより少なく、個体数も少ない。

ヒメイトアメンボ
Hydrometra procera
イトアメンボ科

（写真：石田）

　体は極めて細長く棒状であり、体長は7.5 〜 10.5mmである。本種を含めたイトアメンボの仲間は、いずれも水面を歩くようにして移動し、小昆虫を捕食する。
　静岡県では西部から東部まで広い範囲に分布し、水田や池沼、湿地などの水際付近に生息する。目立たないが、草をかき分けたあと、水面を観察すると、歩いて逃げる本種を確認することができる。
　なお、本種に近縁のイトアメンボ *H. albolineata* は、文献上では県内からの記録はあるが、標本として残されたものはなく、近年の調査でも全く確認されない。また、オキナワイトアメンボ *H. okinawana* は、産地は限られるが県内の薄暗い池沼や湿地で確認されている。

カタビロアメンボ類
Veliidae
カタビロアメンボ科

　微小なグループで、いずれも体長は数mm程度である。静岡県では複数種が知られ、水田や湿地などの止水域のほか、種によっては河川にも生息する。水面に落ちた小昆虫などの弱った個体や死骸に集まり、体液を吸汁する。

　ここでは、水田でみられる3種を紹介するが、このグループは微小なうえ、互いによく似ており、種の判別はたいへん困難である。

ケシカタビロアメンボ　　　　　　　　　　　　　　　　（写真：石田）
Microvelia douglasi

ホルバートケシカタビロアメンボ　　　　　　　　　　　（写真：石田）
M. horvathi

マダラケシカタビロアメンボ　　　　　　　　　　　　　（写真：石田）
M. reticulata

アメンボ（ナミアメンボ）
Aquarius paludum paludum
アメンボ科

（写真：石田）

　体型は細長く、中脚および後ろ脚は著しく長い。体長は11〜16mmである。体色は黒色もしくは黒褐色である。本種を含めたアメンボ類は、主に水面に落ちた他の昆虫を捕えて体液を吸汁する。
　流れが緩やかな河川、池沼、水路などの、やや開けた水域の水面に生息する。水田地帯にも普通にみられるが、水田そのものよりも、周辺の水路や池に多い。静岡県では西部から東部にかけて広い範囲に分布し、個体数は多い。

オオアメンボ
Aquarius elongatus
アメンボ科

（写真：北野）

　大型で日本最大のアメンボであり、体長は19〜27mmほどである。体色は黒色もしくは黒褐色である。流れが緩やかな水路や池沼の、木々に囲まれた薄暗い場所に生息する。
　静岡県では西部から東部まで広い範囲に分布するが、平野部には少なく、丘陵地でみられることが多い。個体数は少ない。

ヒメアメンボ
Gerris (Gerris) latiabdominis
アメンボ科

(写真：石田)　シオカラトンボに群がるヒメアメンボ
(写真：北野)

　体長は8.5～11.0mmとアメンボよりも小さく、体型もやや寸詰まりである。体色は灰色がかった褐色である。
　静岡県では西部から東部まで広い範囲に分布し、個体数も多い。池沼、湿地、水田などの水深が浅い場所に生息する。
　水田およびその周辺には、複数のアメンボ類がみられるが、水田内でみられるアメンボのほとんどは本種である。

コセアカアメンボ
Gerris (Macrogerris) gracilicornis
アメンボ科

(写真：石田)

　体長は11～16mm程度のアメンボで、体色は暗褐色～暗赤褐色である。静岡県では西部から東部まで広い範囲に分布する。開放的な場所にはあまり見られず、丘陵部の棚田にある水路や山間部にある池などの、やや薄暗い場所に生息する。

ヤスマツアメンボ
Gerris (*Macrogerris*) *insularis*
アメンボ科

(写真：石田)

　体長は9〜14mmほどのアメンボで、体色は暗赤褐色〜黒褐色である。コセアカアメンボよりやや小型であること、腹端部の形状が異なることなどから区別できるが、慣れるまでは野外での区別は難しい。

　静岡県では西部から東部まで広い範囲に分布する。木々に囲まれた薄暗い湿地や水たまりなどに生息し、山間部にある水田周辺でみつかることもある。

ミズギワカメムシ類
Saldidae
ミズギワカメムシ科

ミズギワカメムシ属の一種
Saldula sp.
(写真：石田)

　種によって異なるが、体型は楕円であり、体色は黒色に白色の斑紋がある。生息環境も種によって異なり、水田や池沼、湿地などの止水域から、山間部のしみだし水や河川などの流水域まで様々である。水田周辺でみられる種の多くは30〜40mm程度。その名の通り、主に水際の湿った場所に生息する。動きは速く、驚くと短い距離であるがすぐに飛んで逃げる。

　静岡県の水田周辺でも複数種が確認されているが、このグループは、限られた種をのぞきいずれも形態的な差が少なく、種の判別が極めて難しい。

イトトンボ類

　イトトンボとは、広義には均翅亜目と呼ばれる前後の翅の形が同様のグループのことであるが、一般には、均翅亜目からカワトンボなどいくつかの仲間を除いたものの総称である。一般に小型で、体は極めて細長く、頭は横長でその両端に眼がついている。また、休むときは4枚の翅を閉じる。種によって体の大きさや色が異なるが、形態的によく似た種もあり、慣れるまで野外での種の判別は難しいことが多い。

　静岡県では、19種が確認されている。ここでは、主に田園地帯でもみられるイトトンボを紹介する。

モートンイトトンボ
Mortonagrion selenion
イトトンボ科

　体長約25mm。オスは写真のように胸部が緑色、腹部がオレンジ色である。メスは未成熟時にはオレンジ色であるが成熟すると緑色になる。湿地や水田に生息し、成虫は5～9月にみられる。
　静岡県では西部と東部で記録があり、中部では確認されていない。

（写真：佐野）

キイトトンボ
Ceriagrion melanurum
イトトンボ科

　体長約38mm。やや太めで黄色い。植物が多い池沼や湿地、水田に生息し、成虫は5～9月にみられる。

（写真：北野）

アオモンイトトンボ

Ischnura senegalensis

イトトンボ科

　体長約32mm。アジアイトトンボに似るが、オスの腹部第8節が青いことが特徴である。
　植物が多い池沼や湿地、水田に生息し成虫は4～10月にみられる。

（写真：佐野）

アジアイトトンボ

Ischnura asiatica

イトトンボ科

　アオモンイトトンボに似るが、体長約29mmとやや小型で、オスの腹部第9節が青いことが特徴である。
　植物が多い池沼や湿地、水田に生息し、成虫は4～10月にみられる。個体数は多い。

（写真：佐野）

ムスジイトトンボ

Cercion sexlineatum

イトトンボ科

　体長約30mm。オスの腹部背面の黒色部が6個のスジに分かれて見えることが和名の由来となっている。
　植物が多い池沼や湿地、水田に生息し、成虫は4～10月にみられる。

（写真：佐野）

クロイトトンボ

Cercion calamorum calamorum

イトトンボ科

　体長約30mm。体色はやや黒っぽく、オスでは腹部の第8節と9節が青い。
　植物が多い池沼や湿地、山間部の水田に生息し、成虫は5〜10月にみられる。静岡県では普通にみられる。

（写真：北野）

モノサシトンボ

Copera annulata

モノサシトンボ科

　体長約42mm。腹部に物差しのような模様があることが和名の由来となっている。
　植物が多い池沼や湿地、山間部の水田に生息し、成虫は6〜9月にみられるが、生息地はやや局所的である。

（写真：佐野）

ホソミオツネントンボ

Indolestes peregrinus

アオイトトンボ科

　体長約38mm。成熟したオスは写真のように青色に、メスは緑がかった青色である。
　植物が多い池沼や湿地、水田に生息する。7〜8月頃に羽化し、成虫で越冬する。

（写真：佐野）

ヤンマ類

　ヤンマとは、大型のトンボの総称としても用いられるが、ここではヤンマ科に属するグループを指す。

　不均翅亜目と呼ばれる前後の翅の形が異なるグループに属し、体長はいずれも6cm以上と大型である。複眼は発達している。基本的には、黒色の地色に黄色の模様が入ることが多いが、種によっては成熟すると緑色や青色に変色する。種によっては、黄昏時の薄暗い時間帯に活動する。

　静岡県では、偶産種を含め15種が確認されている。ここでは、田園地帯でみられるヤンマを紹介する。

コシボソヤンマ
Boyeria maclachlani
ヤンマ科

　体長約80mm。腹部第3節が顕著にくびれることが和名の由来となっている。
　成虫は6〜9月にみられ、平地や丘陵地の林縁で黄昏飛翔する。

（写真：佐野）

ミルンヤンマ
Planaeschna milnei
ヤンマ科

　体長約75mm。コシボソヤンマを一回り小さくしたようなヤンマである。
　成虫は5〜11月にみられ、丘陵地や山地の林縁で黄昏飛翔する。

（写真：佐野）

ネアカヨシヤンマ

Aeschnophlebia anisoptera

ヤンマ科

　体長約70mm。腹部はくびれず、ずん胴型で、黒みの強いヤンマである。
　成虫は6〜8月にみられ、平地や丘陵地の林縁で黄昏飛翔する。
　静岡県では西部から東部まで広い範囲で記録があるが、産地は限られる。

（写真：北野）

カトリヤンマ

Gynacantha japonica

ヤンマ科

　体長約65mm。腹部はほぼ無紋で、緑褐色、腹部は全体的に黒みが強いヤンマである。
　成虫は7〜11月にみられ、平地や丘陵地の林縁で黄昏飛翔する。カをよく捕食することが本種の和名の由来となっている。

（写真：北野）

ヤブヤンマ

Polycanthagyna melanictera

ヤンマ科

　体長約80mm。未成熟時には黄色みが強いが、成熟すると写真のように黒みが増す。
　成虫は5〜9月にみられ、丘陵地や標高の低い山地の林縁で黄昏飛翔する。成虫が生息環境として藪を好むことが和名の由来となっている。

（写真：佐野）

マルタンヤンマ

Anaciaeschna martini

ヤンマ科

　体長約75mm。未成熟時には赤褐色で地味な体色をしているが、成熟するとオスは写真のように複眼や斑紋が鮮やかな青色に、メスでは黄緑色に変色する。
　成虫は5～10月にみられ、平地や丘陵地の林縁で黄昏飛翔する。

上段：オス（写真：佐野）
下段：メス（写真：北野）

ギンヤンマ

Anax parthenope julius

ヤンマ科

　体長約70mm。胸部はほぼ無紋で明るい緑色をしている。
　成虫は4～10月にみられ、平地や丘陵地、低山地の開けた止水環境周辺でパトロール飛翔する。
　トンボ採りの対象として古くから親しまれてきた。地方名も多く、浜名湖周辺ではオスはオンジョ、メスはメト、成熟して翅が褐色となったメスはアブラメトと呼ばれていた。

（写真：北野）

（写真：北野）

クロスジギンヤンマ

Anax nigrofasciatus nigrofasiatus

ヤンマ科

　体長約65mm。ギンヤンマに似るが胸部側面に2本の黒いスジがある。
　成虫は4～6月にみられ、平地や丘陵地、低山地の、木陰の多い薄暗い止水環境周辺でパトロール飛翔する。

サナエトンボ類

　不均翅亜目に属する中〜大型のトンボである。複眼は比較的小さい。体色は、黒色の地色に黄色の模様が入ることが多く、成熟しても体色は少ない。
　静岡県では、17種が確認されている。ここでは、田園地帯でみられるサナエトンボを紹介する。

タベサナエ
Trigomphus citimus tabei
サナエトンボ科

　体長は44〜46mm。胸部は黄色く、L字型の斑紋がある。
　平地や丘陵地、低山地の小川や水路、池沼に生息し、成虫は4〜6月にみられる。
　静岡県は分布の東限にあたる。静岡市の古い記録があるが、近年は西部でのみ確認されている。

フタスジサナエ
Trigomphus interruptus
サナエトンボ科

　体長は45〜50mm。胸部は黄色く、2本の黒い筋がある。
　平地や丘陵地の田園地帯にある池沼に生息し、成虫は5〜6月にみられる。
　静岡県は分布の東限にあたる。西部から中部の比較的限られた場所で確認されている。

コサナエ
Trigomphus melampus
サナエトンボ科

羽化直後の個体　　　　　　　　　　（写真：佐野）

　体長は42〜46mm。胸部は黄色く、L字型の斑紋がある。
　平地や丘陵地、山地の池沼などに生息し、成虫は4〜6月にみられる。
　静岡県では、西部から東部まで広い範囲に分布するが、近年確認できない地域も多く、産地は限られる。

オニヤンマ類

オニヤンマ
Anotogaster sieboldii
オニヤンマ科

（写真：佐野）

　不均翅亜目に属し、ヤンマと名が付いているが、ヤンマ科ではなくオニヤンマ科という別のグループに属する。静岡県に分布するオニヤンマ科のトンボは本種のみである。体長は10cm程度になり、日本最大のトンボである。成虫は黒色の地色に黄色の斑紋があり、成熟してもあまり変色しない。
　静岡県には広く分布し、成虫は6〜10月に出現する。丘陵地の田園地帯では普通にみられる。

トンボ類

　トンボ類（トンボ科）は、不均翅亜目に属する小〜中型のトンボである。

　体色は種によって異なり、赤、橙、黄、黒など様々である。成熟すると変色したり、白色もしくは蒼白色の粉を生ずるものも多い。

　静岡県では、偶産種を含め約30種が確認されている。ここでは、田園地帯でみられるトンボ類を紹介する。

シオカラトンボ
Orthetrum albistylum speciosum
トンボ科

オス　　　　　　　　　　　　　　（写真：佐野） 　　メス　　　　　　　　　　　　　（写真：北野）

　体長は50〜55mm。地色は黄褐色で黒色の斑紋があるが、オスは成熟すると黒化し、胸部と腹部背面に蒼白色の粉が生じる。メスはムギワラトンボとも呼ばれ、成熟するとやや緑がかる。

　平地や丘陵地の池沼、湿地、水田など止水環境に生息し、成虫は4〜10月の春季のみにみられる。
　個体数は極めて多く、一般にもよく知られたトンボである。

シオヤトンボ
Orthetrum japonicum japonicum
トンボ科

オス　　　　　　　　　　　　　　（写真：佐野） 　　メス　　　　　　　　　　　　　（写真：佐野）

　体長約42mm。シオカラトンボに似るが、小型でずんぐりしている。翅の基部に淡い橙色の斑紋がある。
　平地や丘陵地、低山地の池沼、湿地、水田

など止水環境に生息し、成虫は4〜6月の春季のみにみられる。生息地では、道路や倒木などに止まっている個体をよくみかける。

オオシオカラトンボ
Orthetrum triangulare malania
トンボ科

オス　　　　　　　　　（写真：伴野）　メス　　　　　　　　　（写真：伴野）

　体長は50～57mm。シオカラトンボに似るが、成熟したオスの青みとメスの黄色みがやや強い。また、後翅の基部に明瞭な黒褐色の斑紋がある。

　平地や丘陵地の池沼、湿地、水田など止水環境に生息するが、シオカラトンボと比較して、小規模な水域を好む傾向がある。成虫は5～10月にみられる。

ハラビロトンボ
Lyriothemis pachygastra
トンボ科

オス　　　　　　　　　（写真：伴野）　メス　　　　　　　　　（写真：伴野）

　体長約32mm。腹部は太短く扁平なトンボである。未熟な個体は地色が黄色で黒い模様があるが、オスは成熟するにつれ黒化するとともに、蒼白色の粉を生ずる。

　平地や丘陵地の池沼、湿地、水田など止水環境に生息し、成虫は4～9月にみられる。

ショウジョウトンボ
Crocothemis servilia mariannae
トンボ科

　体長約48mm。ほぼ無紋で、体全体は褐色みを帯びた橙色であるが、オスは成熟すると写真のように鮮やかな赤色に変色する。
　平地や丘陵地の池沼、湿地、水田など止水環境に普通で、成虫は4～10月にみられる。

（写真：佐野）

ウスバキトンボ
Pantala flavescens
トンボ科

　体長約45mm。体全体は橙黄色で、腹部背面には黒褐色の斑紋がある。
　平地や丘陵地の池沼、湿地、水田など止水環境に普通で、プールや水たまりなどでも繁殖する。
　成虫は6～10月にみられ、夏には個体数が極めて多くなる。移動性が強く、毎年繁殖を繰り返しながら南方から北上してくるが、寒さに弱く本州では冬季にすべて死滅する。

（写真：北野）

チョウトンボ
Rhyothemis fuliginosa
トンボ科

　体長は50mm程度で、体色は黒い。翅が幅広く、金属光沢のある黒色であることが特徴である。和名は、チョウのようにヒラヒラと飛ぶことから名づけられた。
　平地や丘陵地の池沼に生息し、ときには水田や空き地などの、ややひらけた空間で旋回飛翔する。成虫は6～9月にみられる。

（写真：伴野）

ナツアカネ
Sympetrum darwinianum
トンボ科
(写真：北野)

胸部の黒条は急に途切れたようにみえる

　体長約38mm。次種アキアカネに似るがやや小型である。オスは成熟するとほぼ全身が赤くなる。

　平地や丘陵地、低山地の池沼、湿地、水田など止水環境に生息し、成虫は6〜11月にみられる。

アキアカネ
Sympetrum frequens
トンボ科

(写真：佐野)　胸部の黒条は徐々に薄くなる
(写真：北野)

　体長約40mm。オスは成熟すると腹部が赤くなるが、ナツアカネよりも色は淡い。また、胸部は成熟しても黄褐色である。

　平地や丘陵地、低山地の池沼、湿地、水田など止水環境に生息する。移動性がある種として知られ、成虫は6〜7月に羽化した後に、気温が高い時期は山上で過ごし、気温が下がる10〜11月に平地に戻り交尾産卵する。

ミヤマアカネ
Sympetrum pedemontanum elatum
トンボ科

（写真：佐野）

体長約34mm。翅の先端からやや内側のところに幅の広い褐色の模様があることで他種との区別は容易である。

丘陵地や低山地の池沼、湿地、水田など止水環境に生息し、成虫は6〜11月にみられる。

マユタテアカネ
Sympetrum eroticum eroticum
トンボ科

（写真：佐野）　頭部にある黒斑　（写真：北野）

体長約35mm。顔に明瞭な黒斑があることで、同属他種と区別できる。メスには翅の先端に褐色の模様が出る場合がある。

平地や丘陵地、低山地の池沼、湿地、水田など止水環境に生息し、成虫は6〜12月にみられる。

ノシメトンボ
Sympetrum infuscatum
トンボ科

（写真：佐野）

体長約45mm。翅の先に黒褐色の斑があることでコノシメトンボやリスアカネに似る。

平地や丘陵地、低山地の池沼、湿地、水田など止水環境に生息し、成虫は6〜11月にみられる。

コノシメトンボ
Sympetrum baccha matutinum
トンボ科

（写真：伴野）

　体長は約40mm。翅の先に黒褐色の斑があることでノシメトンボやリスアカネに似るが、胸のほぼ中央にある黒条とその後ろにある黒条が途中でつながることで区別できる。
　平地から低山地の池沼や湿地などに生息する。成虫は6〜11月にみられる。

リスアカネ
Sympetrum risi risi
トンボ科

（写真：伴野）

　体長は約40mm。翅の先に黒褐色の斑があることでノシメトンボやコノシメトンボに似るが、胸のほぼ中央にある黒条は、前翅付近で薄くなることで区別できる。
　平地から低山地の池沼や湿地などに生息する。成虫は6〜11月にみられる。

ノシメトンボの胸部
黒条は太いまま

コノシメトンボの胸部
2本の黒条は途中でつながる

リスアカネ　（写真：3枚とも北野）
黒条は徐々に薄くなる

ヤゴのいろいろ

アジアイトトンボ　（写真：北野）	 コシボソヤンマ　（写真：北野）	 ミルンヤンマ　（写真：北野）
 ネアカヨシヤンマ　（写真：北野）	 カトリヤンマ　（写真：北野）	 ヤブヤンマ　（写真：北野）
 マルタンヤンマ　（写真：北野）	 ギンヤンマ　（写真：北野）	 クロスジギンヤンマ　（写真：北野）

コサナエ　　　（写真：北野）	 オニヤンマ　　　（写真：北野）	 ウスバキトンボ　　　（写真：北野）
 シオヤトンボ　　　（写真：北野）	 シオカラトンボ　　　（写真：北野）	  オオシオカラトンボ　　　（写真：北野）
 ハラビロトンボ　　　（写真：北野）	 マユタテアカネ　　　（写真：北野）	 アキアカネ　　　（写真：北野）

昆虫

害虫　天敵　甲殻類・貝類・その他　魚類　両生類　爬虫類　鳥類　ほ乳類　植物

ヒガシキリギリス
Gampsocleis mikado
キリギリス科

（写真：伴野）

　体長は約40mmであり、頭が大きく、ずんぐりとした体形をしている。周辺に草地がある水田周辺で真夏に出現し、ジー・チョンと大きな声で鳴く。
　草地を好むが、周辺に草地がある水田地帯にも生息する。

クサキリ
Homorocoryphus lineosus
キリギリス科

（写真：JWRC）　クサキリの幼虫　（写真：北野）

　体長は50mm程度で、体色は緑色と褐色の2タイプがある。
　水田の周辺や土手などの、湿潤な草地に生息している。成虫は8～10月にみられ、ジーと強い連続音で鳴く。

クビキリギス
Euconocephalus varius
キリギリス科

（写真：伴野）　　　　　　　　　　　　（写真：伴野）

　体長は約30mm程度であるが、翅の先まで含めると60mmほどになる。体色は緑色と褐色のものが多いが、色彩には変異が多い。頭の先がとがっていることと、口（大顎）が赤いことが特徴である。
　成虫で越冬し、春～初夏にジー……という大きな声で鳴く。水田の周辺や土手などの、草地に生息している。
　草の柄などに咬ませ、引っ張ると首がちぎれることがあるため「首切りギス（ギスはバッタ類の総称）」の名がある。

ササキリ類　*Conocephalus*

　ほっそりとした体型をしたキリギリスの仲間である。危険を感じると葉や茎の裏側に隠れる習性がある。静岡県では7種が知られているが、ここでは水田周辺でもみられる2種を紹介する。

コバネササキリ
C. japonicus
キリギリス科

　体長は15～25mm程度であり、その名の通り、前翅が短い場合が多い。

（写真：北野）

ウスイロササキリ
C. chinensis
キリギリス科

　体長は20～35mm程度であり、コバネササキリよりも細い体型をしている。

（写真：北野）

コオロギ類

　コオロギの仲間はコオロギ科としてまとめられており、黒色もしくは茶褐色で、頭が大きく、体形もずんぐりとしているものが多いが、マツムシやスズムシのようにややほっそりした種も含まれている。地上性で、他のバッタの仲間と比べて雑食性が強い。秋に鳴く虫の代表的なグループの一つである。

　県内では約40種が分布している。水田付近ではエンマコオロギ *Teleogryllus emma* やタンボコオロギ *Modicogryllus siame*、ハラオカメコオロギ *Loxoblemmus campestris* などがみられる。

　水の中に入ることは少なく、畦などの草の根際などに見られることが多い。

エンマコオロギ　　（写真：市原）　　タンボコオロギ　　（写真：丸山）　　ハラオカメコオロギ　（写真：築地）

Column

雑草の天敵

　農業に役に立つ生きものというと、害虫を食べる天敵を思い浮かべるが、田んぼの生きものの中には雑草の種子をせっせと食べて、雑草の発生を抑制する働きをもつものもいる。

　静岡県農林技術研究所と静岡大学農学部生態学研究室の共同研究チームでは、これらの雑草種子を食べる種子食性昆虫に着目し、その生態の調査や役割の評価を行った。

　その結果、水田の畦畔にすむタンボコオロギやエンマコオロギなどのコオロギ類や、ゴミムシの仲間のゴモクムシ類などが、水田や畑の雑草として問題となるイネ科植物の種子を採食していることが明らかとなった。これらの種子食性昆虫は、イネ科雑草が種子を落とす秋になると、個体数が著しく増加し、多くの個体が落水した水田の中へも移動していく。

　まだ、これらの昆虫の生態については明らかにされていない部分が多く、共同研究チームではさらに種子食性昆虫の生態に関する調査を行うとともに、種子食性昆虫の働きを活用した雑草の抑制の研究を進めている。

（稲垣 栄洋）

雑草種子を食べるエンマコオロギ　（写真：市原）

昆虫に採食された雑草種子　（写真：市原）

ケラ
Gryllotalpa orientalis
ケラ科

（写真：北野）

　体長は30〜40mmで、体色は褐色である。バッタやコオロギと同じ直翅目というグループに属する。モグラのような頑丈な前脚をもち、湿った土中に穴を掘って生活している。水田の畔でもよくみられる。「ジー」という鳴き声は、よくミミズの鳴き声とされるが、ケラによるものである。

ヒシバッタ類
（写真はトゲヒシバッタ *Criotettix japonicus*）
ヒシバッタ科

水の中に入りよく泳ぐ　　（写真：北野）

植物に似た体色で、草地に入ると目立たない　　（写真：北野）

　このグループは、上から見ると胸部が横に張り出し、菱形に見えることが、名の由来となっている。
　水田などの湿地環境には複数種のヒシバッタ類が生息しているが、特によくみられるのがトゲヒシバッタである。

　トゲヒシバッタは、16〜20mm程度で体は細長く、体の両脇に顕著なトゲ状の突起がある。イネ科植物が生えている湿った環境に好んで生息し、驚いたときは、跳ねて水の中に入り、よく泳ぐ。

オンブバッタ
Atractomorpha lata
オンブバッタ科

（写真：伴野）　　　　　　　　　　　　　　（写真：伴野）

　メスの体長は約40mmであるが、オスは小さく約25mmである。体色は緑色のものが多いが、褐色のものや赤みを帯びたものも出現する。

　成虫は11月ころまでみられる。本種は、交尾する時でなくてもオスがメスの背中に乗っていることが多いことが和名の由来となっている。

ショウリョウバッタ
Acrida cinerea antennata
バッタ科

（写真：伴野）　ショウリョウバッタモドキ　（写真：北野）

　メスの体長は約80mmであるが、オスは小さく約50mmである。体色は緑色のものが多いが、褐色のものも出現する。
　成虫は11月ころまでみられる。やや乾燥した場所に多いが、水田周辺でも普通にみられる。

　オスが飛ぶときに前翅と後翅を打ち付けてチキチキと音を出すことから、チキチキバッタ・キチキチバッタと言われることもある。
　良く似た種にショウリョウバッタモドキ *Gonista bicolor* がいるが、個体数は少ない。

カの幼虫（ボウフラ）
Culicidae
カ科

コガタアカイエカの幼虫　　　　　　　　（写真：島津）

　ボウフラとは、カの幼虫の総称である。主に止水域に生息しているが、種によって生息場所は異なり、ため池や水田、水たまりなど様々である。
　水面から直接空気呼吸をし、主に水中の微生物や腐敗した有機物を食べる。

　カの仲間は完全変態をし、幼虫から蛹を経て成虫となる。蛹はオニボウフラとも呼ばれ、餌を食べないが活発に動く。
　成虫になると、花蜜、果汁、樹液などを食べる。また多くの種のメスは卵形成の際に必要な栄養を得るために動物から吸血する。

ミズアブ類の幼虫
Stratiomyidae

体色が紫がかった個体　　　　　　　（写真：北野）

体色が茶色の個体。左の写真の個体とは別種であるが詳細は不明　　（写真：北野）

　ミズアブの仲間は、一部が幼虫期に水中で生活するが、分類も生態も不明な点が多い。
　幼虫は空気呼吸をし、水田などの止水域で生活している種は、普段は泥中に潜んでいる。体はやや扁平で、脚はなく、動きは鈍い。
　主に藻類や腐敗した有機物を食べるが、種によっては昆虫や甲殻類を捕食する肉食性のものも知られる。

ユスリカ類の幼虫（アカムシ）
Chironomidae

ユスリカ科

（写真：稲垣）

　アカムシとは、ユスリカ類の幼虫の総称である。呼吸色素であるヘモグロビンをもつために生時の体色が赤く、それがアカムシという総称の名の由来となっている。種によって異なるが、水中で生活するものが多い。日本では1000種以上が知られる大きなグループである。

　ボウフラとは異なり、水中の酸素を取り込んで呼吸している。主に水中の有機物を食べるが、種によっては植物食性のものや動物食性のものも知られる。

　淡水魚の釣り餌や、飼育下での生き餌として用いられるほか、種によって生活場所が異なることから、水域の指標生物としても有効である。

　成虫は力によく似ているが、吸血することはない。

フタバカゲロウ類の幼虫
Cloeon sp.

コカゲロウ科

フタバカゲロウ類の幼虫　　　　　（写真：北野）

　カゲロウの幼虫はすべて水生であり、その多くが流水域に生息しているが、本種やサホコカゲロウなど、コカゲロウ科に属する一部の種では水田や池沼などの止水域でもみられる。

　フタバカゲロウ類の幼虫の体長は約1cmで、体型は円筒型をしており、よく泳ぐ。藻類などを食べる。

　なお、幼虫がアリジゴクの名で知られるフタバカゲロウは、脈翅目に属しており、カゲロウ目とは全く別のグループである。

害虫

松野 和夫

ニカメイガ
（ニカメイチュウ）
Chilo suppressalis
ツトガ科

（写真：平井） 　（写真：平井）

　年2回発生する。稲わらや刈り株の中で幼虫越冬し、第1回の成虫発生は6月中旬頃、第2回の成虫発生は8月中旬頃に盛期を迎える。
　9～10月に雨が少ないと被害が大きくなる。また、梅雨明けに気温が低いと発生が多くなる。窒素肥料が多い場合には幼虫の生存率を高める。
　早期栽培では、発生・被害ともに多い傾向がみられ、また、太幹品種の場合に被害が多い。

　卵は葉表に卵塊として産みつけられ、孵化幼虫は葉鞘に食い込み、その後茎の内部に侵入する。第1世代幼虫による被害は、心枯れ茎（葉鞘がしおれて枯れたり、折れて垂れ下がり水面に浮かぶ）やさや枯れ茎（茎が変色する）などがみられる。第2世代幼虫による被害は、幼穂形成期以降にあらわれる白穂やすくみ穂などがある。
　近年、静岡県内における発生は減少傾向にある。

コブノメイガ
Cnaphalocrocis medinalis
ツトガ科

（写真：平井）

　静岡県内では越冬せず、中国大陸から飛来すると考えられている。
　第1回の成虫発生は5月下旬に、第2回の成虫発生は6月下旬から7月上旬に、第3回の成虫発生は8月下旬頃である。発生量は年によって差があり、数年の間隔をおいて多発生の傾向がみられる。
　葉色の濃いイネや遅植えのイネに飛来が多く、被害も集中する。
　8月に発生する幼虫による被害が最も大きく、加害が多い場合には稔実不良となり減収となる。このため、7月上旬に発生する第2回成虫の発生が多い場合には、特に注意が必要である。
　幼虫は葉を糸でつづり合わせ、その中でイネの表皮を残して食害する。被害の痕は白く目立ち、被害が甚大の場合は田んぼ全体が白く見える。
　静岡県内各地で発生がみられ、8～9月に被害が多く発生するが、その程度は年によって異なる。

イチモンジセセリ
（イネツトムシ）
Parnara guttata guttata
セセリチョウ科

（写真：JWRC）

　年に3回発生する。イネのヒコバエやイネ科雑草などで幼虫越冬する。越冬幼虫は5月中下旬に蛹となり、第1回の成虫は6月上中旬に発生する。第2回の成虫は7月下旬から8月上旬頃、第3回の成虫は9月中旬から10月上旬頃である。

　冬期の平均最低気温が高い場合には幼虫の発生量が多い。また、第1世代幼虫期の6月中旬から7月上旬頃に高温の場合は、幼虫の成育も良く、生存個体も多いため、その後の成虫の多発生につながる。

　老齢幼虫は体長3.5mm～4mmと大型であり、食害量も多い。第1世代幼虫による被害はごく僅かでほとんど問題にはならないが、第2世代幼虫による被害が非常に大きい。また、葉色の濃い場合や遅植えのイネで産卵数が多く、被害も大きくなり、加害量が多い場合には穂が出なくなる。成熟した幼虫は多くの葉をつづり合わせて巣を作る。

　静岡県内各地で発生し、イネへの寄生は8月に多くみられる。

フタオビコヤガ
（イネアオムシ）
Naranga aenescens
ヤガ科

（写真：宇根）

　蛹で越冬し、年間数世代発生する。発育は早く、夏期には卵期間5日、幼虫期間15日、蛹期間12日程度である。老齢幼虫はイネの葉でツト（蛹室）を作り、その中で蛹になる。

　幼虫は高温を好むが、乾燥には弱い。曇天や雨の日が多く、湿度が高い日が続くと幼虫の発生量は多くなる。このため、山林・山沿いや堤防沿い、風通しの悪い水田などで発生しやすい。繁茂し、株間の湿度が高いイネ、遅植えなどの遅くまで葉色の濃いイネでは多発しやすい。

　イネへの加害は幼虫のみが行う。若齢幼虫はイネの葉の表面を片側からかじり、3齢幼虫以降は葉の縁から食害する。加害初期の被害は葉身に白いカスリ模様の食痕ができ、中期以降の被害は階段状の食痕になる。多発した水田では、葉身が食い尽くされる程の被害にあうことがある。

　近年、静岡県におけるは増加傾向にある。

ヒメジャノメ
Mycalesis gotama fulginia
ジャノメチョウ科

(写真：JWRC)

　年に2回発生するのが一般的である。静岡県では年3回発生する。第1回の成虫は6～7月頃、第2回の成虫は7～8月頃、第3回の成虫は9～10月頃に発生する。幼虫で越冬する。
　成虫は葉に卵を産み、卵期間は5～7日間程度である。幼虫期間は20～30日程度（越冬世代は6～7ヵ月）。窒素肥料が多いイネに産卵されることが多い。
　イネ以外にも、イネ科雑草やササ、タケの葉にも寄生する。
　ヒメジャノメによる被害は、6月から9月にわたって発生し、葉縁から不規則に切り取ったような食痕がみられる。被害葉は、食害部から折れ曲がったり、垂れ下がったりする。

イネクビボソハムシ（イネドロオイムシ）
Oulema oryzae
ハムシ科

(写真：JWRC)　幼虫は泥おい虫と呼ばれる　(写真：JWRC)

　年に1回発生する。成虫が雑草や枯れ葉などにもぐって越冬し、翌春産卵する。6月頃から幼虫が、7月初めから8月に成虫をみることができる。
　幼虫による被害が目立つ。幼虫はイネの葉の表面を削り取るように食害するため、食痕が白いかすり状になる。発生が多い場合、イネの生育遅延や分げつ数の減少などの被害やひどい場合には株が枯死してしまう。盛夏の頃、被害株は回復したようにみえるが、草丈は短く、茎数や穂数も少なくなるなど収量にも大きく影響する。
　低温性の害虫であり、静岡県内では県東部の高冷地や山間などの冷涼な地域に発生が多くみられ、被害も幼虫発生期の6～7月に集中する。

イネミズゾウムシ
Lissorhoptrus oryzophilus
イネゾウムシ科

(写真：松野)

　アメリカからの侵入害虫である。
　畦畔や土手、果樹園などの枯れ草や落ち葉の下など適した湿度を有する場所で、成虫で越冬する。越冬成虫は4月下旬頃から活動を始め、越冬地周辺のイネ科雑草の新葉を摂食し、イネが植えられた後は水田に侵入する。成虫は、イネの葉脈に平行して表皮を残して食害する。卵は水中のイネ葉鞘表皮下に産卵される。孵化幼虫は土中に入り、根を食害して成長する。幼虫による被害が甚大の場合には、イネの分げつが抑えられ、新根がほとんど認められない。成熟した幼虫は、泥で土繭を作り、その中で蛹になる。新成虫は7月中旬頃から現れ、飛翔あるいは歩行により畦畔や土手、果樹園などに移動する。成虫・幼虫ともに多くのイネ科植物を加害する。
　周囲に山林がある山間地の水田では越冬場所が多いため、多発生しやすい。また、越冬成虫の活動が盛期となる5月中旬植えの早期栽培においても発生が多い。

イネゾウムシ
Echinocnemus bipunctatus
イネゾウムシ科

(写真：JWRC)

　年に1回発生する。多くの場合、イネ株の根の間や土の中などで成虫越冬するが、なかには老齢幼虫や蛹で越冬する場合もある。5月上旬から下旬にかけて成虫が活動を始める。
　成虫は日中に活動し、水面を歩いて葉鞘の中を食害する。食痕は点々と葉に穴が空けられるのが特徴的であり、食害部分から葉が折れてしまう。
　広く発生がみられるが、比較的低温の地域において発生しやすい。また、多肥料で色が濃く軟らかいイネに被害が集中する。

セジロウンカ
Sogatella furcifera
ウンカ科

（写真：宇根）

　中国大陸南部や東南アジアから飛来する。飛来は6月下旬から7月上旬の梅雨時期に多い。飛来後2～3日で産卵を始め、2～3週間で成虫になる。

　多数の飛来があった場合には、イネの株あたり数頭から数十頭の成虫が寄生し、イネが吸汁される。イネの生育初期におけるセジロウンカの被害は、イネの葉鞘部に黄褐色の縦紋が現れ、次第に下葉が黄化し時には株が枯れてしまう。分げつ後期から穂ばらみ期にかけては、イネの下葉から黄褐色に枯れ始める。また、セジロウンカの排泄物により、すす病が発生し、葉などが真黒になる場合もある。

　静岡県内の各地で発生はみられるが、発生量は年によって異なる。また、県内では越冬できない。

ヒメトビウンカ
Laodelphax striatella
ウンカ科

（写真：宇根）

　ヒメトビウンカは年間5～6世代発生を繰り返す。越冬した幼虫が成虫となった後、コムギやオオムギ畑に移動し、そこで1世代を経過し、新成虫が水田に飛来する。イネのほかに、コムギやイタリアンライグラス、メヒシバなどイネ科植物に寄生する。9月下旬以降に孵化した幼虫は、短日・低温の影響で休眠に入る。休眠幼虫は畦畔や土手、雑草地などで越冬する。

　ヒメトビウンカは他のウンカとは異なり、縞葉枯病というウイルス病を媒介する。水田に飛来したヒメトビウンカは、本田初期から幼穂形成期頃まで縞葉枯病をうつす。親がウイルスを保持している場合は、その子もウイルスを持っている場合が多い。

　静岡県内各地で発生がみられ、8月頃に水田内での密度が最大になる。また、近年、縞葉枯病の発生地域が拡大傾向にあるため、注意が必要である。

トビイロウンカ
Nilaparvata lugens
ウンカ科

(写真：宇根)

　セジロウンカ同様、6月下旬から7月にかけて中国大陸南部や東南アジアから飛来し、約1ヵ月後の7月下旬頃から次世代が出現する。さらに1ヵ月後の8月末から次々と世代が出現してくる。
　出穂期から登熟期にかけて、数十株から数百株がまとまって円形に倒伏する。これが「坪枯れ」と呼ばれるトビイロウンカによる被害の特徴である。多発生の場合には、水田一面の株が倒伏してしまうこともある。トビイロウンカは夏から秋にかけて増殖率が高い。これが坪枯れの原因となる。
　飛来数や地域によって異なるが、通常は9月下旬から10月にかけて坪枯れが発生する。このため、早期栽培では増殖前に収穫が終了するので被害は少ない。
　静岡県全体では発生は少ないが、年によっては、刈り取りの遅い地域などで坪枯れが生じることもある。

ツマグロヨコバイ
Nephotettix cincticeps
ヨコバイ科

(写真：宇根)

　年に数世代の発生がみられる。越冬場所は主にイネ科雑草で、主に幼虫で越冬し、5月下旬頃から成虫になる。暖冬の場合、越冬幼虫の死亡率が減るので多発条件となる。また、6～7月にかけて高温多照の場合、秋の発生が多くなると考えられている。
　ツマグロヨコバイの排泄物により、すす病が発生し、葉などが真黒になる場合もある。
　ツマグロヨコバイは、萎縮病や黄萎病を媒介することが知られているが、両種の病気とも静岡県内では発生が少ない。また、ツマグロヨコバイの発生量が、以前に比べ少なくなっている。

アカスジカスミカメ
Stenotus rubrovittatus
カスミカメムシ科

（写真：松野）

　年に3～4回発生する。卵で越冬し、4月中旬頃に幼虫が出現し、4月下旬頃に成虫が出現する。
　アカスジカスミカメは主にイネ科植物に寄生し、イタリアンライグラスやメヒシバなどに発生が多くみられる。また、産卵は主に穂にされることが知られている。

　主にイネの出穂後に、畦畔や水田周辺の雑草地から水田内へと侵入する。水田内への侵入後は、イネの穂から吸汁する。
　近年、全国的に問題となっている害虫で、静岡県内においても広く発生がみられ、被害を発生させている。

ホソハリカメムシ
Cletus punctiger
ヘリカメムシ科

（写真：松野）

　ススキなどの枯れ草の中などで成虫越冬する。4月頃、出穂したイネ科雑草に移動して寄生・吸汁する。その後、メヒシバやヒエなどの夏雑草に移動するなど、出穂しているイネ科雑草を次々と移動していると考えられている。イネが出穂すると水田内にも侵入し、イネの穂を吸汁する。

クモヘリカメムシ
Leptocorisa chinensis
ホソヘリカメムシ科

(写真：松野)

　スギやマツなどの林の下草に潜って成虫越冬する。5～6月以降、越冬場所やその付近のイネ科雑草に寄生し、交尾・産卵する。イネの出穂後に水田内に侵入して、穂の吸汁・産卵を行う。孵化した幼虫はイネで生活し、その後越冬地へ移動する。
　越冬地が山林であるため、水田における発生も中山間地や山林近くで多い。

ミナミアオカメムシ
Nezara viridula
カメムシ科

(写真：守屋)

　年に3～4回発生する。常緑樹などで越冬した成虫は、コムギやオオムギなどに移動し、そこで増殖する。その後、イネの出穂期から乳熟期にかけて水田内に侵入し加害する。
　広食性であり、イネの他にも、トウモロコシ、ムギ、ダイズなど様々な作物を加害する重要な害虫である。
　ミナミアオカメムシは南方系の虫であり、これまでは九州や高知県、和歌山県などの暖地のみで発生がみられていた。しかし、平成17年に静岡県においても初めて発生が確認された。

その他のカメムシ類

1）アカヒゲホソミドリカスミカメ
Trigonotylus caelestialium
カスミカメムシ科

（写真：池田）

年に3〜4回発生する。卵で越冬し、4月上旬頃に幼虫が出現し、4月中旬頃に成虫が出現する。アカスジカスミカメ同様、主にイネ科植物に寄生し、イタリアンライグラスやメヒシバなどに発生が多くみられる。主にイネの出穂後に、畦畔や水田周辺の雑草地から水田内へと侵入し、イネの穂から吸汁する。

2）トゲシラホシカメムシ
Eysarcoris aeneus
カメムシ科

（写真：松野）

年に2回発生する。畦畔や土手などの雑草地で成虫越冬し、4〜5月以降に活動する。越冬後はスズメノカタビラやスズメノテッポウなどに寄生する。移動方法は、ほとんどが歩行によるものであり、イネの出穂後の水田への侵入も歩行によって行われる。このため、斑点米の被害は畦畔沿いに多い。

3) イネクロカメムシ
Scotinophara lurida
カメムシ科

（写真：宇根）

　前述のカメムシ類とは異なり、イネクロカメムシはイネの茎葉から吸汁する。

　年に1回発生する。雑木林、畦畔、畑地など湿度が高く暖かい場所で成虫越冬し、6～7月に越冬場所から水田に移動する。水田に侵入後、イネの茎葉から吸汁し、産卵する。

　幼虫は6月下旬頃から出始め、8月上旬に最盛期となる。新成虫は8月中旬頃から出始め、9月上旬に最盛期となる。イネの刈り取りとともに水田間を移動し、晩生品種の収穫が終わると越冬地へ移動する。

Column

斑点米って何？

　炊飯器を開けると、湯気とともに広がる炊き立てのお米の香り。その中には、ふっくらと炊き上がった白く艶やかなお米。ホッと幸せを感じる瞬間である。

　しかし、その白いお米をよく見ると、極めて稀ではあるが、黒色や茶色などの斑点がついたお米を見つけることがある。この斑点がついたお米は斑点米と呼ばれている。

　斑点米はどうしてできるのだろうか？　その犯人はカメムシ類である。カメムシ類が稲穂を吸汁することによって発生する被害が斑点米であり、斑点米を引き起こすカメムシ類のことを斑点米カメムシ類と呼んでいる。日本原色カメムシ図鑑には、斑点米カメムシ類は65種と記載されており、斑点米カメムシ類の種類が非常に多いことに驚かされる。また、斑点米以外にも、イネシンガレセンチュウやアザミウマ類などによって発生する黒点米（玄米にクサビ状の亀裂ができ、その部分が黒く変色）もあり、斑点米や黒点米などを総称して着色粒と呼んでいる。

　着色粒は生産者にとって非常に厄介なのである。それは、玄米における着色粒の混入割合が高くなると米の等級が下がり、米の値段が下がってしまうからである。つまり、着色粒が多くなると生産者の収入が減少してしまうのである。

　このように生産者の直接的な減収となる斑点米の被害は1990年代後半頃から全国的に大きな問題となり、その原因である斑点米カメムシ類の対策が急務となっている。

（松野 和夫）

イナゴ類

1）コバネイナゴ
Oxya yezoensis
バッタ科

（写真：JWRC）

2）ハネナガイナゴ
Oxya japonica
バッタ科

（写真：築地）

　土の中で卵越冬する。5月以降、冷涼地でも6月になると、幼虫が孵化し、イネの幼苗を食害する。成虫は7月下旬頃から発生がみられる。

　コバネイナゴは平坦地から山地の水田に広く発生し、時には大発生する。一方、ハネナガイナゴは山地よりの水田に発生がみられる。

天敵

松野 和夫

キクヅキコモリグモ
Paradosa pseudoannulata

コモリグモ科

（写真：松野）

水田やその周辺に多く生息し、水田内のイネ株や水面上、周辺の雑草の間を歩行する。夜間や秋期にはイネの上部にも上がる。

越冬は主に幼体で行い、わらの下、雑草の間、土の隙間などに生息する。

四国・九州などの西南暖地では、5月頃から産卵が始まり、幼体が出現し始める5月下旬以降は様々な生育段階のクモがみられる。

水田内では、代かき・田植え直後の個体数は極めて低いが、イネの生育と共に個体数は増加し、収穫前の9月頃ピークをむかえる。

広食性の捕食者であり、ウンカ・ヨコバイ類、チョウ・ガ類、同種他種のクモ類など、多種類の生物を捕食し、水稲害虫の天敵として知られている。

・主な対象害虫：ウンカ類、ツマグロヨコバイ
・その他の対象害虫：コブノメイガ、ニカメイガ

Column

コモリグモの母の愛

クモというと、気味が悪いと毛嫌いする人も多い。しかし、田んぼの中ではクモはとても重要な役割を果たしている。クモはイネを食害する害虫を餌として食べてくれているのである。

クモには、巣をはって獲物を待ち伏せする造網性のクモと、巣を作らずに動き回って獲物を捕まえる徘徊性のクモとがいる。

田んぼでよく見かける徘徊性のクモに、コモリグモがいる。コモリグモは英語では「ウルフスパイダー」と呼ばれている。ウルフ（狼）のようにすばやく獲物に襲い掛かることから、そう呼ばれているのである。

一方、日本名のコモリグモは「子守リグモ」に由来している。どうして、こんな名前がつけられたのだろうか。

コモリグモのお尻に、白く丸いものがついているのをよく見かける。これは、コモリグモの卵のうで中に卵が入っている。こうしてコモリグモの母親は、大切な卵を肌身離さず持ち歩いて、外敵から守っているのである。

それだけではない。卵から孵った子グモは母親の背中によじのぼって集まる。そして、母グモは何十匹もの子グモを背中に乗せたまま移動するのである。この子どもたちを背負ったようすが子守りをしているようなので、コモリグモと名づけられたのである。

小さなクモとはいえ、子どもをおんぶするように大切に守る母グモと、母親の背中でひしめきあっている子グモたちのようすは、何だかほほえましく感じられる。

やがて母親の背中から巣立った子グモたちは、親離れをするように母親の背中から離れていく。そして、害虫を食べる立派なハンターへと成長を遂げるのである。

田んぼのイネは、こんな小さなクモたちによって害虫から守られているのである。　　（稲垣 栄洋）

その他のコモリグモ

1) キバラコモリグモ
Pirata subpiraticus
コモリグモ科

水田およびその周辺に生息し、イネの下部や水面上、周辺の雑草の間などを歩行する。水稲害虫の天敵として知られている。
・主な対象害虫：ウンカ類、ツマグロヨコバイ

（写真：松野）

2) ヒノマルコモリグモ
Tricca japonica
コモリグモ科

山地の林床の落葉中を徘徊する。

（写真：緒方）

3) フジイコモリグモ
Arctosa fujiii
コモリグモ科

平地の草原に生息し、草間を徘徊する。

（写真：緒方）

4) チビコモリグモ
Pirata procurvus
コモリグモ科

　山地の林の中で、日当たりのあまりよくない林床に生息し、落葉中を徘徊する。

（写真：緒方）

5) ハリゲコモリグモ
Pardosa laura
コモリグモ科

　平地から山地にかけての草間に数多く生息し、水田にも多く入りこんでくる。

（写真：緒方）

6) イナダハリゲコモリグモ
Pardosa agraria
コモリグモ科

　平地から里山にかけて、主に水田に生息し、水田の害虫を捕食する。

　前項のキクヅキコモリグモおよび1) キバラコモリグモは、平坦地の水田に多い。一方、2) ～ 6) の各コモリグモは、棚田などの中山間地の水田・畦畔に多くみられる。

（写真：緒方）

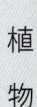

シコクアシナガグモ
Tetragnatha vermiformis
アシナガグモ科

（写真：緒方）

　水田や沼地、河原などに生息する。イネなど植物の葉の間に水平に円形の網を張る。クモ自身は、網の近くの葉の上で脚を伸ばして待機する。
　水田では、網にかかったニカメイガやフタオビコヤガなどを捕食する。
・主な対象害虫：ヨトウ類
・その他の対象害虫：フタオビコヤガ、ウンカ・ヨコバイ類

ドヨウオニグモ
Neoscona adianta
コガネグモ科

（写真：松野）

　水田や沼地、河原などの植物上に生息する。水田では、イネ株の中～上部に水平・垂直両方の網を張る。
　年に2回発生する。秋に孵化した個体は、幼体で越冬し夏に成熟して産卵する。夏に孵化した個体は秋に成熟して産卵する。成熟期は6～7月と9～10月。
　水田に多く生息し、水稲害虫を捕食する。
・主な対象害虫：ウンカ類
・その他の対象害虫：ヨコバイ類、フタオビコヤガ、小さなガ類

コガネグモ
Argiope amoena
コガネグモ科

(写真：緒方)

　水田、河原、草原、人家の軒下などの日当たりの良い樹枝間や草間に50cm～1mの垂直円網を張り、網の中央に脚を二本ずつそろえてとまる。

　網にかかったハエ目やチョウ目などの虫を捕食する。
　成熟期は6～7月である。

ナガコガネグモ
Argiope bruennichii
コガネグモ科

(写真：松野)

　山麓や水田で多く、水田ではイネの葉上に生息する。イネ株の中～上部に直径20～50cmの垂直円網を張り、その中央に留まる。また網には直線状または円形のかくれ帯をつける。
　水田に発生するクモ類の中では大型のクモで、8～9月に成熟する。

　イネ株上を飛び交うイナゴ類やウンカ・ヨコバイ類が網にかかるのを待ち、それらが網にかかると捕食する。
・主な対象害虫：イナゴ類
・その他の対象害虫：小さなチョウ目、ウンカ・ヨコバイ類

ハシリグモ類

1) スジブトハシリグモ
Dolomedes pallitarsis
キシダグモ科

(写真：緒方)

　平地から山地にかけて発生がみられる。池や沼の周辺、水田や河川など、湿地や水辺に主に生息している。

　草の上で昆虫などの獲物を待っているが、水面上を走ったり、水中に潜ることもある。

2) イオウイロハシリグモ
Dolomedes sulfureus
キシダグモ科

(写真：緒方)

　体長の大小の差が大きく、斑紋も変化に富むため、①イオウイロ型、②スジボケ型、③スジブト型の3つの型に分けられる。

　平地から山地にかけて広く分布し、池や沼の周囲、水田、河川、草地、林周辺などに生息する。

サラグモ類

1) セスジアカムネグモ
Ummeliata insecticeps
サラグモ科

（写真：緒方）

2) ニセアカムネグモ
Gnathonarium exsiccatum
サラグモ科

（写真：緒方）

　水田や畑地に生息する。水田ではイネの株元の内部に網を張る。
　越冬は成体でし、土の隙間、イネの切り株の中、雑草の間などに生息する。
　水稲害虫のウンカ類やツマグロヨコバイの幼虫を捕食する。網の捕獲された餌を捕獲する方法の他、徘徊して餌を捕獲することもある。
・主な対象害虫：ウンカ類、ツマグロヨコバイ

ハナグモ
Ebrechtella tricuspidata
カニグモ科

（写真：緒方）

　水田や畑、草原などに生息する。水田では、イネの葉上で第1、2脚を開いて静止する。
　5月中に卵嚢が出現し始め、6月上旬には卵嚢の最盛期となる。その後、6月中下旬にハナグモが出現する。
　水田では、イネの葉上で静止し、ウンカ・ヨコバイ類が近づくと捕獲する。また、イネ株上を飛び交うフタオビコヤガなども捕獲する。
・主な対象害虫：ツマグロヨコバイ
・その他の対象害虫：フタオビコヤガ、ウンカ類、小さなガ類など

カマキリ類

　頭部は逆三角形で、体は細長く、中脚・後脚は長い。前脚はカマ状になっており、他の昆虫をとらえて捕食する。

　水田付近には、カマキリ（チョウセンカマキリ）やコカマキリなどがよくみられ、林に囲まれた谷戸田ではオオカマキリやハラビロカマキリがみられることもある。（北野）

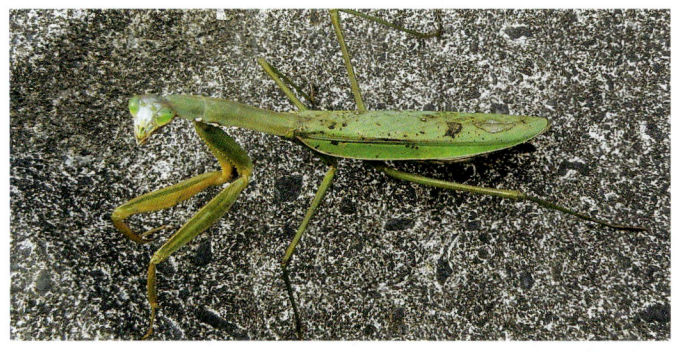

カマキリ（チョウセンカマキリ）
Tenodera angustipennis

　体長70～80mm。前脚の付け根には、鮮やかなオレンジ色の斑紋がある。

（写真：伴野）

オオカマキリ
Tenodera aridifolia sinensis

　体長70～95mm。静岡県では最も大型のカマキリ。カマキリに似るが、前脚の付け根にある斑紋は淡褐色であることで見分けられる。

（写真：伴野）

コカマキリ
Statila maculata

　体長50～65mm。前脚に黄色と黒の斑紋があるのが特徴。体は褐色のものが多いが、写真のように淡い色の個体もみられる。

（写真：松野）

ハラビロカマキリ
Hierodula patellifera

　体長50～70mm。前翅は広く、左右に白い紋がある。おもに樹上に生息するが、秋には歩行中のメスがよくみつかる。

（写真：伴野）

ウンカシヘンチュウ
Agamermis unka

シヘンチュウ科

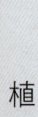

トビイロウンカに寄生していたウンカシヘンチュウ　（写真：宇根）

　水田を生息地としているが、水田以外については不明である。
　土の中で越冬し、越冬中に成熟する。産卵の最盛期は梅雨時期である。幼生は土中から水面に移動し、イネ株の水際にいるウンカ類の成・幼虫に寄生する。8月中旬～9月中旬に最も発生が多くなる。
　ウンカシヘンチュウに寄生されたウンカ類は、腹が異常に膨らみ動きも鈍くなる。その後、ウンカシヘンチュウの亜成体がウンカ類の腹部を破って脱出する。また、ウンカシヘンチュウに寄生されたウンカ類の雌は産卵できなくなる。
・主な対象害虫：セジロウンカ、トビイロウンカ
・その他の対象害虫：ヒメトビウンカ

ウンカタカラダニ

タカラダニ科

トビイロウンカに寄生したウンカタカラダニ　（写真：宇根）

　ウンカ類の体表に寄生する。
　生活史や生態など、詳しいことは知られていない。

アオムシヒラタヒメバチ
Itoplectis naranyae

ヒメバチ科

（写真：上野）

　本種は単寄生蜂であり、雌成虫は寄主内部に1卵産みつける。また、寄主を産卵に利用するのみではなく、餌としても利用して捕食する。

　成虫は活発に飛翔し、特に秋期の水田で多く見かける。

・主な対象害虫：ニカメイガ、コブノメイガ
・その他の対象害虫：イチモンジセセリ、フタオビコヤガなど

ホウネンタワラバチ
Charops bicolor

ヒメバチ科

（写真：稲垣）

　本種はフタオビコヤガやコブノメイガなどに寄生し、成熟した幼虫は寄主から脱出する。灰色に黒い斑紋が入った繭が特徴的で、繭はイネの葉から垂れ下がっているため、容易に見つけ出すことができる。

・主な対象害虫：フタオビコヤガ
・その他の対象害虫：コブノメイガ、イネツトムシ、アワヨトウ

コマユバチ科の寄生蜂

　イネアオムシサムライコマユバチ、カリヤサムライコマユバチなどが知られている。
　水田やその周辺の雑草に産卵されたフタオビコヤガなどの寄主の卵に寄生する。

・対象害虫：フタオビコヤガ、アワヨトウ、ニカメイガ、イネツトムシなど

（写真：平井）　アワヨトウ幼虫から出てきた幼虫
（写真：平井）

寄生蠅類

　寄生蠅には、ブランコヤドリバエ、ハマキヤドリバエ、ギンガオハリバエ、ウタツハリバエなどが確認されている。
　水田や河川などに生息し、水田ではイネ株上を歩行しながら寄主を探索して寄生する。

・対象害虫：イチモンジセセリ、フタオビコヤガ、コブノメイガ、アワヨトウなど

ウタツハリバエとその蛹殻　　　（写真：平井）

アオバアリガタハネカクシ

Paederus fuscipes

ハネカクシ科

　水田、畦畔や湿気の多い河原の草むら、石の下などに生息する。
　水田では、イネの葉上の他、水面上でも確認することができる。水面上を歩行し、イネ株間を移動している。
　体長6〜8mmであるが、発達した大顎を持っており、フタオビコヤガやウンカ・ヨコバイ類などを捕食する。

・主な対象害虫：フタオビコヤガ
・その他の対象害虫：コブノメイガ、ウンカ・ヨコバイ類など

（写真：松野）

甲殻類・貝類・その他

北野 忠

ホウネンエビ
Branchinella kugenumaensis
ホウネンエビ科

上がメス、下がオスである。メスの腹部には卵のうが確認できる。　　（写真：北野）

オスの頭部には、交接時にメスを抱えるための付属器がある。　　　　　　　　　　　　　（写真：北野）

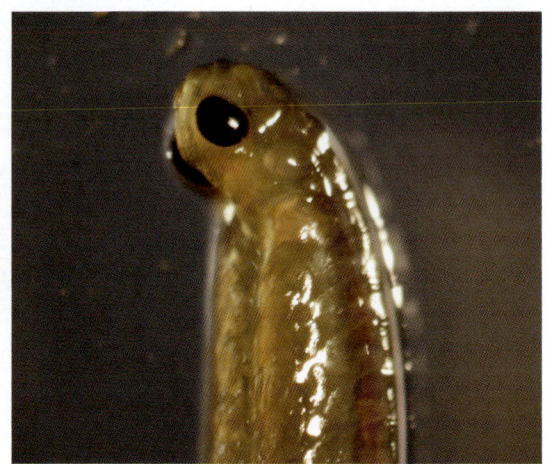

メスの頭部には付属器がない。　　　　　　　　（写真：北野）

　体長は15～30mmで、体型は細長い円筒形である。体色は透明感のある淡褐色もしくは緑褐色であり、尾脚は赤みを帯びる。オスの頭部には交接のための付属器があること、メスの体の後部には卵のうがあることから、雌雄の判別が可能である。水田に本種が出現した年は豊作になると言われることが、本種の名の由来となっている。
　水田に水が入る5～7月に出現する。腹を上にして泳ぎ、主に植物プランクトンを食べる。メスは乾燥に強い耐久卵を産む。
　静岡県では西部から東部まで広く分布するが、本種が出現する水田は限られている。

アジアカブトエビ
Triops granarius
カブトエビ科

アジアカブトエビのオス　　　　　　　　　（写真：北野）

アジアカブトエビのメス。　（写真：北野）
オスよりも大型になる。

　体長は30mm程度で、体型はやや偏平した円筒形であるが、頭胸部は円形の背甲で広く被われる。体色は淡い茶褐色もしくは緑褐色である。

　水田に水が入る5〜7月に出現し、ホウネンエビと同所的にみられることもある。泥底を這うようにして移動し、有機物や藻類のほか、小動物や植物の芽などを食べる。雌雄ともにみられ、メスは乾燥に強い耐久卵を産む。静岡県では東部の限られた水田でみられる。県内では、本種のほかに近縁のアメリカカブトエビ *T. longicaudatus* が西部地方で確認されている。こちらは日本では単為生殖で増えるため、オスはみられない。また、両種とも外来種である。

　このほか、カブトエビに近いグループにカイエビ類があり、静岡県における生息状況はよく調べられていないが、西部には複数種が確認されている。

ミジンコ類
Branchiopoda
ミジンコ科

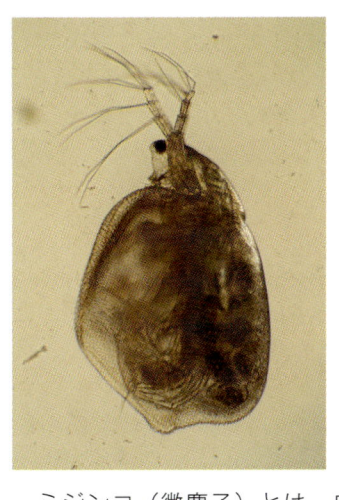

左：オカメミジンコ属の一種
　　Simocephalus sp.
右：タマミジンコ属の一種
　　Moina sp.
（写真：2枚とも北野）

　ミジンコ（微塵子）とは、広義には水中で浮遊生活する小型の甲殻類をさす総称であるが、狭義には、ミジンコ亜綱に属するものをさす。狭義のミジンコにおいては、その多くは円形もしくは楕円形の左右2枚の甲殻で被われており、第二触覚が大型で遊泳器官となっているなどの特徴がある。体長は種によって異なるが、多くは0.3mm〜3mm程度である。

　魚類や水生昆虫など、多くの水生生物にとって重要な餌生物であり、水田の生態系においては重要な地位を占める。

　出現期は種によって異なるが、出現期の大部分はメスのみの単為生殖で増える。このときは体内の育房内で孵化し、遊泳可能になるまで育つ。一方、出現期の終わりごろになるとオスがみられ、交尾後、メスは乾燥や低温に強い耐久卵を産む。この耐久卵は翌年の春に孵化する。

ケンミジンコ類
Copepoda

　ミジンコと名が付いているが、カイアシ亜綱に属し、分類上は離れている。体長は種によって異なるが、0.7〜2.5mm程度である。体は円筒形で、頭部に長い第一触角をもつものが多い。写真の個体はメスで、腹部の左右には卵のうが付いている。多くは海産であるが、淡水産の種は水田や池沼などでみられる。

ケンミジンコの一種　　　　　　　　（写真：北野）

カイミジンコ類
Ostracoda

　ミジンコと名が付いているが、カイムシ亜綱に属し、分類上は離れている。日本では100種ほどが知られている。大きさは種によって異なるが、0.5〜2.0mm程度である。体は、ふくらみのある左右2片の殻で完全に包まれており、二枚貝によく似た形をしている。多くは海産であるが、淡水産の種は水田のほか、池沼・河原の水たまりなどでみられる。

カイミジンコの一種　　　　　　　　（写真：北野）

ミズムシ
Asellus hilgendorfi
ミズムシ科

　体長は8mm程度で、体型は細長くやや扁平である。体色は灰褐色や黄褐色である。フナムシやダンゴムシなどと同じ等脚目に属する。
　池沼・水田・河川・湿地・湧水などあらゆる淡水域に生息している。
　汚れた水にも住めることから、水質汚濁の指標生物とされているが、湧水や山間部の池など汚濁が進んでいない場所でもみられる。落ち葉や水草、石や泥の表面を這うようにして生活しており、有機物を食べている。

（写真：北野）

ヒル類
Hirudinoidea

ウマビル　　　　　　　　　　　　　　（写真：北野）
Whitmania pigra

チスイビル　　　　　　　　　　　　　（写真：北野）
Hirudo nipponica

イシビル科の一種　　　　　　　　　　（写真：北野）
Erpobdella sp.

　ヒル類は、環形動物門ヒル綱に属し、多くは水生で淡水もしくは海水中に生息しているが、ヤマビルのような陸生種も知られる。ヒルと聞くと、どの種も吸血するようなイメージがあるが、国内で人に吸血するヒルは極めて限られている。

　静岡県内の水田では、ウマビルがよくみられる。緑色で、背面には黄色の線があり、よく目立つ。人の血を吸うことはなく、タニシなどの淡水貝を餌にしている。本種に近縁で、体色が茶褐色のチスイビルは、その名の通り人から吸血する。かつては水田で普通にみられたが、農法の近代化や農薬の影響などによって激減している。

　このほか、イシビルの仲間もよく見られる。この仲間は、水生昆虫やイトミミズなどを食べている。

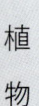

イトミミズ類
Tubificidae
イトミミズ科

(写真：北野)

　イトミミズの仲間としては、イトミミズ属、エラミミズ属、ユリミミズ属が知られている。種によって体長は異なるが、いずれも体長10cmほどに達する。
　水田や水路などの泥中に生息している。泥を飲み込み、泥に付着した微小な動物を食べている。
　金魚など淡水魚の飼育下での生き餌として用いられる。

ハリガネムシ類
Gordioida

(写真：北野)

　類線形動物門に属し、淡水産で、幼生は昆虫などの節足動物に寄生する。体長は種によって異なり、数cmのものから1mになるものまで知られる。極めて細長く、その名の通り針金状である。
　卵は水中で孵化し、幼生はユスリカやカゲロウの幼虫に寄生する。それらが成虫となり、陸上で生活しているときにカマキリなどに食べられると、ハリガネムシの幼生は宿主を代えて成長する。その後、夏から秋に、宿主が水辺に近づくと宿主の体を明けて脱出する。

Column

冬に水を張る田んぼ

　夏の間、水をためていた水田も、秋になると水を抜いてしまう。しかし最近、イネを作らない冬の間も水をためる「冬期湛水水田」が注目されている。

　冬期湛水水田は、もともと減少する水鳥の生息地として水田を利用することを目的に、活動が広がった。水鳥の生息地として国際的に重要な湿地に関する条約であるラムサール条約では、この冬期水田の効果から、水田を水鳥の保全に必要な重要な湿地の1つとして位置づけている。

　もっとも、冬期湛水の効果は、水鳥の保全にとどまらない。生きものの中には、湿った土の中で冬を越す種類もいる。ところが最近は、水田の整備が進み、冬の水田が乾燥するため、冬越しができない生物も少なくないのである。冬期湛水は、それらの生物の保全にとっても効果的である。

　静岡県農林技術研究所では、県内3地域の冬期湛水水田を調査した結果、冬期湛水を行う水田では、マルタニシなどの水生生物やシャジクモなどの貴重な水草の発生が見られることを確認した。

　さらに、冬期湛水水田には水田雑草の発生を抑制する効果があることが知られている。この効果は、1つには土の中への空気の供給を遮断して、ヒエ類の発芽を抑える働きであるが、他にも効果がある。このさらなる雑草抑制の活躍するのが、イトミミズやアカムシ（ユスリカの幼虫）である。

　イトミミズやアカムシは水のある水田に発生する。そのため、冬期湛水水田では、冬の間からイトミミズやアカムシが多く発生するのである。イトミミズやアカムシは、田んぼの土の中の有機物を食べて分解しながら、泥の上に糞をためていく。こうした、イトミミズやアカムシの働きによって泥が細かくなり、トロトロの状態になるのである。

　そのため、土の表面にあった雑草の種子は、トロトロの泥の下に埋没して、発芽できなくなってしまう。また、芽を出した雑草の種子も、泥が細かくトロトロなので、しっかりと根付くことができずに、根が抜けて浮いてしまうのである。

　こうした効果から、冬期湛水は除草剤に依存しない除草技術としても注目されている。小さなイトミミズやアカムシが、冬の田んぼで知られざる大活躍をしているのである。

（稲垣 栄洋）

冬に水を張る「冬期湛水水田」

サワガニ
Geothelphusa dehaani
サワガニ科

赤橙色の個体　　　　　　　　　　（写真：北野）

青白色の個体　　　　　　　（写真：北野）

茶色の個体　　　　　　　　（写真：北野）

オス（腹部は三角形）　　　　（写真：北野）

メス（腹部は半楕円形）　　　（写真：北野）

　甲幅は3cm程度である。甲の色彩は個体によっても異なるが、地域ごとでおおよそ決まっており、静岡県では西部から中部にかけては赤橙色、東部では青白色である。また、静岡市など地域によっては茶色の個体がみられることがある。主に、河川上・中流域や、沢に生息している。山間部の水田でもよくみられるが、畦に穴をあけるために農家からは嫌われている。繁殖期は6月～9月で、40～90個ほどの卵を産む。陸封型のカニであり、一生淡水域で過ごす。雑食性で、水草、昆虫、死んだ魚などを食べる。

モクズガニ
Eriocheir japonicus
イワガニ科

大型の個体　　　　　　　　　　　　（写真：北野）

ハサミ脚にある密生した毛が特徴　　　（写真：北野）

小型の個体　　　　　　　　　　　　（写真：北野）

甲幅は8cm程度であり、甲は緑がかった褐色である。ハサミ脚に長い毛が密に生えており、これが「藻屑」のように見えることが和名の由来である。

静岡県では標高が高い場所を除きほぼ全域でみられ、個体数も多い。主に、河川中〜下流域に生息する。水田の中に入ってくることはあまりないが、水田周辺の用水路では小型の個体がよくみられる。繁殖期は冬季で、メスは河口近くまで降りてきた後に卵を産む。孵化したゾエア幼生は汽水域や海域で生活し、メガロパや稚ガニに変態した後、河川に遡上する。雑食性で、水草、昆虫、死んだ魚などを食べる。

クロベンケイガニ
Chiromantes dehaani
イワガニ科

（写真：北野）

　ベンケイガニ亜科に属するカニの仲間の多くは、河川の河口や下流域周辺に生息しており、そのうちの数種は平野部の水田やその周辺でもみられる。このうち、水田周辺で特によくみられるのがクロベンケイガニである。甲幅は4cm程度。甲の色彩は複雑で黄褐色や茶褐色である。ハサミ脚には顆粒があり、黄褐色や淡い紫色をしている。大きな穴を掘ってすむため、水田の畦に穴をあけることがあり、農家からは嫌われている。繁殖期は7月〜8月。

アカテガニ
Chiromantes haematocheir
イワガニ科

（写真：北野）

　甲幅は3cm程度。甲の色彩は変異があり、写真のように前縁が黄色でその他が黒褐色のものから、甲全体が赤みを帯びるものまである。ハサミ脚は赤橙色であり、和名の由来となっている。水田内に入り込むことはないが、海岸から遠くない地域の田園地帯にある水路の土手などでみることができる。

河川でみられるタイプ　　　　　　　　（写真：北野）

湖沼でみられるタイプ　　　　　　　　（写真：北野）

テナガエビ科の一種　　　　　　　　　（写真：北野）

スジエビ
Palaemon paucidens
テナガエビ科

　体長は5cm程度。体色はほぼ透明であるが、胸部や腹部に黒縞模様があり、これが「筋エビ」の和名の由来となっている。

　主に、河川中・下流域や湖沼に生息しており、平野部の水田周辺にある水路でもよくみられる。一般に、河川に見られるものは体が大きく、縞模様もはっきりしているが、湖沼に生息するものは体が小さく縞模様が薄くて不連続である。繁殖期は春〜秋である。孵化したゾエア幼生は主に汽水域で生活し、その後河川に遡上するが、湖沼などでは孵化後も汽水域に下らずそこに留まる陸封型の生活史を送る。静岡県では標高が高い場所を除きほぼ全域でみられ、個体数も多い。

　また近年、西部の海岸近くの池でスジエビに似たテナガエビ科の別種が確認されている。スジエビよりも、体の縞模様が薄く、左右の目がやや離れていることなどから区別される。

テナガエビ
Macrobrachium nipponense
テナガエビ科

（写真：北野）

　体長は10cm程度。体色は緑がかった褐色であるが、黄褐色や茶褐色など、個体によって異なる。5対ある脚のうち、前から2番目の脚が非常に長く、これが「手長エビ」の和名の由来となっている。主に、河川中・下流域に生息しているが、平野部の水田周辺にある水路でもよくみられる。繁殖期は春～夏である。孵化したゾエア幼生は主に汽水域で生活し、その後河川に遡上するが、湖や湖沼などでは孵化後も汽水域に下らずそこに留まる陸封型の生活史を送る場合もある。静岡県では放流されたダム湖を除いて、標高が低い地域のほぼ全域でみられ、個体数も多い。
　また、県内では、本種によく似たミナミテナガエビ・ヒラテテナガエビも分布しているが、額角や胸脚の指節の形状が異なることで区別できる。

ミナミテナガエビ
M. formosense
テナガエビ科

（写真：北野）

　主に河川の下流域に生息し、流れが緩やかな場所の石の下や水草の陰などに住む。海岸近くにある水田周辺の水路にもよくみられる。

ヒラテテナガエビ
M. japonicum

テナガエビ科

（写真：北野）

　主に河川の中流域に生息し、流れの速い場所の石の下などに住む。水田周辺の水路には時々入り込む程度である。

テナガエビ類3種の額角と第3胸脚指節

テナガエビ	ミナミテナガエビ	ヒラテテナガエビ
長い	やや短い	短い

（写真：6枚とも北野）

ヌマエビの仲間　Atydae

　ヌマエビの仲間は、県内では7種が確認されている。これらは種によって生息環境は異なるが、池沼でや河川でみられる。また、水田内に入り込むことはあまりないが、田園地帯の水路でもよくみられる。

　これらのうち、ヌカエビとミナミヌマエビは大卵少産型で、孵化した幼生が海に下ることはない。一方、そのほかの5種は小卵多産型で、孵化した幼生は海域や河口で稚エビになるまで浮遊生活した後、河川にのぼって生活する。

大卵少産型（ヌカエビ）　　　　　　　　　　（写真：北野）

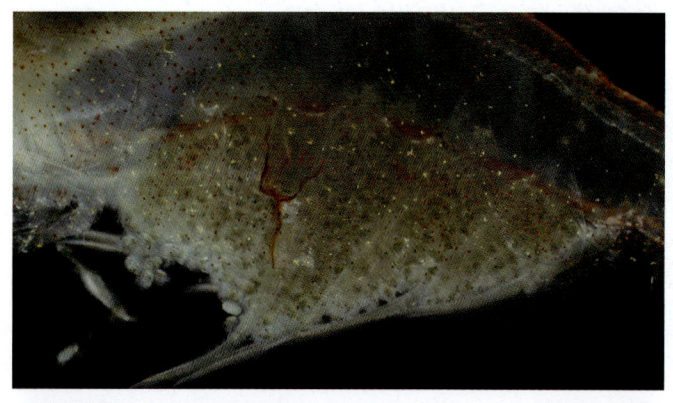

小卵多産型（ミゾレヌマエビ）　　　　　　　（写真：北野）

　ヌマエビ類の種の判別は難しいが、*Paratya*属のヌマエビとヌカエビには眼上棘があることで、*Caridina*属、*Neocaridina*属の5種と区別できる。このほか、体の模様や額角の棘の位置と数によって区別が可能である。

ヌマエビの眼上棘　　　　　　　　　　　　　（写真：北野）

ヌマエビ
Paratya compressa
ヌマエビ科

　主に河川中・下流域でみられる。静岡県では比較的広い範囲で確認されている。

ヌマエビには額角上縁の棘が眼の後ろまである（写真：2枚とも北野）

ヌカエビ
Paratya improvisa
ヌマエビ科

　主に湖沼や流れが緩やかな水路等でみられる。産地での個体数は多い。
　以前はヌマエビの亜種と考えられていたが、近年は別種とされている。

ヌカエビには額角上縁の棘が眼の後ろまでない（写真：2枚とも北野）

101

ミゾレヌマエビ
Caridina leucosticta
ヌマエビ科

河川中・下流域とその周辺でみられる。静岡県では産地数、個体数ともに多い。 （写真：北野）

額角は長く、上縁の先端部には、他と離れた1～2個の棘がある （写真：北野）

ヒメヌマエビ
Caridina serratirostris
ヌマエビ科

上段：縞模様が入る個体 （写真：北野）
下段：オレンジ色の個体 （写真：北野）

河川中・下流域とその周辺でみられる。静岡県では個体数は少ない。色彩には変異が多い。

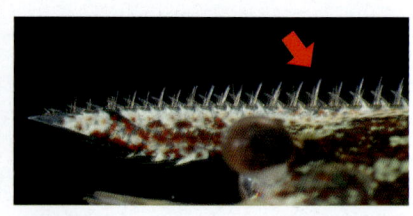

額角は短く、上縁の棘は、眼より後ろにも多数並ぶ （写真：北野）

トゲナシヌマエビ
Caridina typus
ヌマエビ科

近年、県内各地でもよくみかけるようになった。額角が小さいのが特徴である。 （写真：北野）

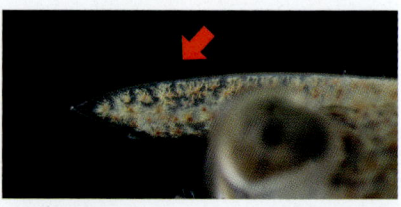

額角は極めて短く、上縁に棘はない （写真：北野）

ヤマトヌマエビ
Caridina multidentata
ヌマエビ科

県内では広い範囲に分布し、河川上流に多い。鑑賞魚水槽のコケ取りとして有名である。　　　　　（写真：北野）

額角は短く、上縁の先端部や眼の後ろには棘がない　　　　　　　　　　（写真：北野）

ヤマトヌマエビの体の模様は雌雄によって異なり、オス（左）では斑紋はつながらないが、メス（右）ではつながる
（写真：北野）　　　　　　　　　　　　　　　　（写真：北野）

ミナミヌマエビ
Neocaridina denticulata
ヌマエビ科

県内に分布するという古い記録はあるが詳細は不明。現在、西部・中部でみられる個体群は中国大陸由来の外来の個体群と考えられている　　　　　　　　　（写真：北野）

額角はやや長く、上縁と下縁の先端部には棘がない　　　　　　　　　　（写真：北野）

昆虫　害虫　天敵　甲殻類・貝類・その他　魚類　両生類　爬虫類　鳥類　ほ乳類　植物

アメリカザリガニ
Procambarus clarkii
ザリガニ科

（写真：北野）

小型の個体はニホンザリガニと間違われることがあるが、ニホンザリガニは東北地方と北海道のみに分布し、静岡県には生息していない　　（写真：北野）

ハサミ脚は相対的にオスのほうが大きい　（写真：北野）

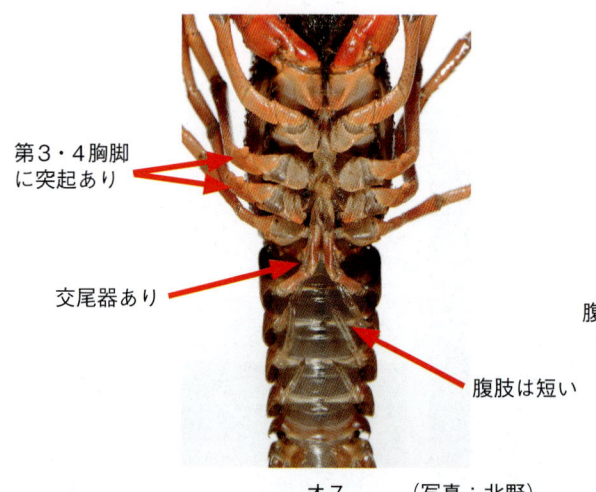

第3・4胸脚に突起あり
交尾器あり
腹肢は短い
オス　（写真：北野）

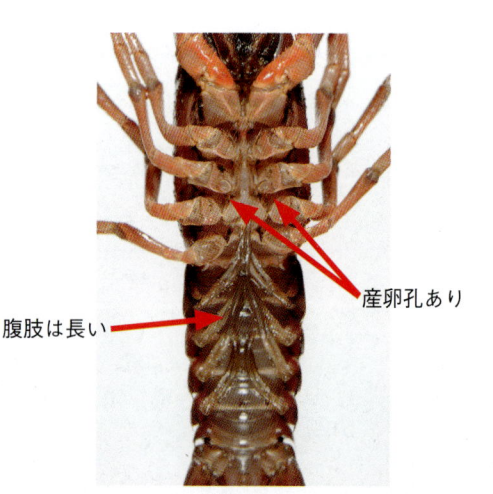

産卵孔あり
腹肢は長い
メス　（写真：北野）

　体長は10cm程度。体色は様々で、小型の個体では茶褐色や緑褐色であるが、大型の個体では赤くなる。5対ある脚のうち、一番前の脚が大きくハサミ脚となっている。
　主に、水路や池沼に生息し、水田でもよくみられる。畦に穴をあけるために、農家からは嫌われている。北米原産の外来生物であり、現在は日本全国に分布し、静岡県でも標高が高い場所を除きほぼ全域でみられ、個体数も多い。

Column

侵略的外来生物としてのアメリカザリガニ

アメリカザリガニは子どもたちに人気の水生生物である。ハサミ脚が大きくて、真っ赤な体の個体は確かに格好が良く、水辺環境の悪化が進んだ今でも普通にみられるうえ、飼育が容易であることから、ペットや学校現場の教材としての需要も高い。筆者も小学生のころ近くの川や池でザリガニ採りをしたり、家で飼育したりした経験がある。

また、自然環境が残っている地域を示す具体例として「○○には、今でもザリガニがいるんですよ……」ということを時々耳にすることがある。アメリカザリガニを紹介した子ども向けのある書籍には、「もうすっかり日本の生き物の一員になった」という説明もあった。今や北海道から沖縄県にまで分布する本種は、日本の水辺に当たり前のように生息する生物として一般には認識されている。

このアメリカザリガニは、その名の通り北米原産のザリガニである。日本では、1920年代にウシガエルの養殖の際に必要なエサとして神奈川県鎌倉市に20個体が持ち込まれたのが元になったと考えられており、その後、全国的に分布を拡大していった。また日本以外でも、オーストラリアと南極をのぞく四大陸や各島々に進出しており、世界的に分布を拡大している。

しかし、あまり知られていないことではあるが、本種は雑食性で何でも食べることから水生動植物を食害し、また水草を切断することにより植生を破壊してしまう。加えて、泥をかき混ぜることにより透明度を悪化させてしまうことなど、水辺生態系に大きな影響を及ぼしていると考えられている。

静岡県では、トンボの産地として有名な磐田市桶ヶ谷沼で1999年代末ころにアメリカザリガニが大発生した事例がある。この後に、絶滅危惧種であるベッコウトンボをはじめとする多くのトンボが激減した。これは、アメリカザリガニがヤゴを含むさまざまな小動物を捕食したこと、ヤゴが隠れ家とする水草を食害したり切断したりすることによる植生の破壊が原因の1つではないかと推察されている。

また他県でも、希少な水草や水生昆虫が豊富に生息していた池にアメリカザリガニが侵入し、その後、水草や水生昆虫の多くが絶滅もしくは激減した事例が報告されるようになった。アメリカザリガニの侵入と水生生物の絶滅・激減の直接的な因果関係を証明することは難しい。しかしこれらの事例から、水草や水生昆虫の生息に対しては、アメリカザリガニの存在は極めて大きな負の影響を及ぼしているものと考えられる。

本種は、2005年に施行された外来生物法（正式名称：特定外来生物による生態系等に係る被害の防止に関する法律）における特定外来生物の指定は受けていない。それは、生態系に大きな被害を及ぼしていると考えられるものの、すでに分布が日本全国に広がっており、またペットや教材として利用されていることから、現段階では法律で規制することが難しいためである。しかし、法律で規制がないからといって、そのまま野放しにしておくと、日本の水辺生態系にとって深刻な被害をさらに増長させる恐れが高い。そこで環境省は、アメリカザリガニを侵略的外来生物（外来生物のうち、導入され拡散した場合に生物多様性を脅かす種）として一般に認識してもらうために、「要注意外来生物」としてリストアップした。

学校現場でも教材として用いる際には、本種が侵略的外来生物であるという認識をもたせ、最後まで世話すること、決して野外に逃がさないことを徹底すべきである。このような啓発自体は、アメリカザリガニの直接的な減少には結びつかないかもしれない。しかし、日本の水辺生態系を守るためにも、アメリカザリガニは侵略的外来生物であり、日本からは駆除すべき生物であるという認識を教育の場において定着させることは、長期的な展望からは有効であると思われる。

また、本種に限ったことではないが、一度入り込んだ外来生物を排除することは容易なことではない。ましてや日本全国に広がったアメリカザリガニを根絶することは、現時点では不可能であろう。しかしながら、日本の水辺生態系を守るためにも、一般への啓発に加え、地域ごとでの駆除や、これ以上の分布の拡大を防ぐことは急務であるといえる。

とは言うものの、ウシガエルのエサとして日本に持ち込まれ、ある時はペットとしてかわいがられ、またある時は悪者扱いされるこのアメリカザリガニもまた被害者といえよう。彼らはただ単に人間の都合で日本に連れてこられ、そこで生きているだけなのである。

（北野　忠）

スクミリンゴガイ
Pomacea canaliculata
リンゴガイ科

（写真：北野）

夜間に水田を徘徊するスクミリンゴガイ
（写真：北野）

ホテイアオイに産み付けられた卵塊
（写真：北野）

　ジャンボタニシとも呼ばれるが、本種はリンゴガイ科に属し、分類上はマルタニシやヒメタニシなどのタニシ科とは異なる。殻高は6cm程度で、殻はやや球状である。殻表面は黄褐色や黒褐色で、黒い横縞がある。
　卵は直径2mmほどで赤桃色をしており、200個ほどを卵塊として水面上の植物や壁に産み付ける。
　中南米原産で、養殖目的のために台湾経由で日本に持ち込まれたが、廃業により放棄されたり逃げ出したりして全国各地で野生化した。
　静岡県では、西部から中部の水田や、河川中・下流域、水路などでみられる。

マルタニシ
Cipangopaludina chinensis laeta
タニシ科

（写真：左・下2枚とも北野）

オスの右の触覚は先端が丸まっている

メスの触覚は先端がまっすぐである

　殻高は6cm程度で、殻の形状はヒメタニシよりも丸みを帯びている。殻は茶褐色〜黒褐色である。
　本種を含めたタニシ科は育児のうで稚貝を育てる卵胎生である。
　県内では西部から東部までの広い範囲に分布し、水田や用水路で普通にみられたが、水田の乾田化や農薬の使用、水質の悪化等により減少傾向にある。かつては食料とされていたが、近年はほとんど利用されていない。

ヒメタニシ
Sinotania quadrata histrica
タニシ科

（写真：北野）　水路で群がるヒメタニシ　（写真：北野）

　殻高は4cm程度で、殻の形状はマルタニシよりもふくらみは弱い。殻は黄褐色～茶褐色である。

　県内では西部から東部までの広い範囲に分布し、池沼や水田、用水路などに生息する。地域によっては多産する。

カワニナ
Semisulcospira libertina
カワニナ科

（写真：左・下2枚とも北野）

　殻高は5cm程度で、殻は塔型である。殻は黄褐色～黒褐色である。
　カワニナの仲間も卵胎生であり、殻高1mm程度の稚貝を産む。
　静岡県では、西部から東部までの広い範囲に分布し、河川上～下流域、水路、水田などに生息する。個体数は多い。ゲンジボタルの幼虫の餌としても知られる。

水田を徘徊するカワニナ

モノアラガイ類
Limnaeidae
モノアラガイ科

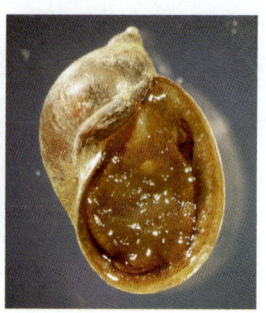

触覚は偏平した三角形状　　　　　　　　（写真：北野）　　殻は右巻き　　　　　　　（写真：北野）

　モノアラガイの仲間は大型の種でも殻高は2cm程度と小さく、またいずれの種も形態は類似しており、同定はやや困難である。加えて、近年は鑑賞用の水草の輸入にともなって、外来と思われる近似種が国内各地で確認されつつあり、分類は混乱している。
　いずれの種も殻口は大きく、殻は淡褐色で薄く壊れやすい。触覚は偏平した三角形状であり、殻は右巻きである。生時には、黒褐色の斑紋がみえるが、これは軟体部の模様であり、殻には斑紋はない。
　タニシやカワニナ類とは異なり卵生で、ゼラチン質に包まれた卵のうを植物や岩などに産み付ける。
　静岡県では、複数種が確認されており、池沼や水田、用水路などでみられる。

サカマキガイ
Physa acuta
サカマキガイ科

触覚は糸状　　　　　　　　　　　　　　（写真：石田）　　殻は左巻き　　　　　　　（写真：北野）

　殻高は15mm程度で、殻はモノアラガイよりもやや細長い。殻は褐色もしくは茶褐色で、薄く壊れやすい。触覚はモノアラガイの仲間とは異なり糸状に伸びる。殻は左巻きであり、「逆巻貝」の名の由来となっている。
　静岡県では、西部から東部までのほぼ全域の池沼、水路、水田等に生息する。ヨーロッパ原産とされる外来生物である。

コモチカワツボ
Pomatopyrgus antipodarum
ミズツボ科

(写真：北野)

コモチカワツボ（左）とカワニナの幼体（右）
（写真：北野）

　殻高4mm程度の小型種で、殻は塔型である。
　単為生殖によって増え、繁殖力が強いことから高密度で生息することもある。
　ニュージーランド原産の外来生物で、県内では西部から東部まで広い範囲に分布する。
　ゲンジボタルの餌として利用されることもあるが、野外に放すことは厳に慎むべきである。

オカモノアラガイ類
Succineidae
オカモノアラガイ科

(写真：北野)

　モノアラガイの仲間に似ているが、分類上はマイマイ（カタツムリ）に近いグループである。水辺に生息するが、水中では生活しない。主に草の間等に生息している。
　静岡県からはナガオカモノアラガイとヒメモノアラガイの2種が知られている。前者は県内の広い範囲に分布しているが、後者は県中部の数カ所でしか確認されていない。写真の個体はナガオカモノアラガイと思われる。

イシガイ
Unio douglasiae nipponensis
イシガイ科
(写真：北野)

　殻長は6cm程度で、殻は細長く長卵型である。殻の色は黒褐色である。
　静岡県では、西部から中部に分布し、特に浜名湖周辺では各地で確認されている。河川中・下流域、用水路などに生息し、泥底や泥混じりの砂礫底を好む。

マツカサガイ
Pronodularia japanensis
イシガイ科
(写真：北野)

　殻長は6cm程度で、殻は楕円形である。殻の色は、黒色～黒褐色である。殻のふくらみは弱い。殻の表面にはマツカサ状の顆粒があり、和名の由来となっている。
　流れが緩やかな小川や用水路の砂礫底に生息する。
　静岡県では、西部地方の数地点で確認されていたが、水路のコンクリート化や水質の悪化等により産地は激減し、現在の生息地は極めて限られている。

ドブガイ類
Anodonta
ドブガイ科

泥混じりの砂礫底で採集された個体　　　（写真：北野）

泥底で採集された個体　　　（写真：北野）

泥底で生活する幼貝　　　（写真：北野）

メダカの尾鰭についたグロキディウム幼生（写真：北野）

　殻長は20cm程度で、大型の個体では25cmほどになる。殻の色は、緑褐色、黄褐色、赤褐色、黒褐色など様々である。殻の形態は地域によって、または環境によって変異がある。

　静岡県では、伊豆半島を除く全域の、池沼、河川中・下流域、用水路などに生息し、泥底や泥混じりの砂礫底を好む。

　本種を始め、イシガイ、マツカサガイなどのイシガイ科は、グロキディウム幼生を体外に放出する。幼生は魚類のエラやヒレに付着し、しばらくの間寄生生活する。

　ドブガイ類には、遺伝的に異なるA型、B型が知られており、近年それぞれヌマガイ、タガイの和名がついた。静岡県では、両種が確認されているが、それぞれの分布の詳細は明らかとなっていない。写真の個体はいずれもヌマガイとされるものである。

マシジミ類

Corbicula

シジミ科

（写真：北野）

　従来、静岡県では汽水域にヤマトシジミ *C. japonica* が、淡水域にマシジミ *C. leana* が生息していた。しかし近年になって、マシジミに極めて近縁で、中国大陸や台湾が原産のタイワンシジミ *C. fluminea* が定着し、分布域を広げている。
　マシジミとタイワンシジミは、殻の表面や内面の色、表面の溝（輪肋）の間隔などといった形態の違いにより区別が可能な場合があるが、互いに極めてよく似ており、現状では明確な区別は不可能と言える。
　いずれも殻長は約3cm程度で、三角形に近い形をしている。殻色は黄褐色から黒紫色で光沢はあまりない。雌雄同体で、体内受精をし、鰓の中で稚貝にまで育つ。
　静岡県では、マシジミもしくはタイワンシジミとされるシジミ類は、西部から東部までの河川中流域、用水路などでみられる。

ドブシジミ

Sphaerium japonicum

ドブシジミ科

（写真：北野）

　微小な二枚貝であり、殻長は10㎜程度である。殻質は薄い。池沼や水田、流れが緩やかな水路などの泥底に生息する。写真の個体は、静岡県西部の水田地帯にある水路で採集されたものである。マシジミ類と同じく卵胎生で、鰓内で稚貝を育てる。
　県内には、ドブシジミよりもさらに小型のマメシジミ類も分布している。

魚類

板井 隆彦

魚類の検索表

生物の種類は「種（しゅ）」という。田んぼや田んぼまわりの小溝、水路にはいろいろな生物が生息しており、それぞれの場所には形や生態が似た複数の生物種が見られることが多い。生物の種を

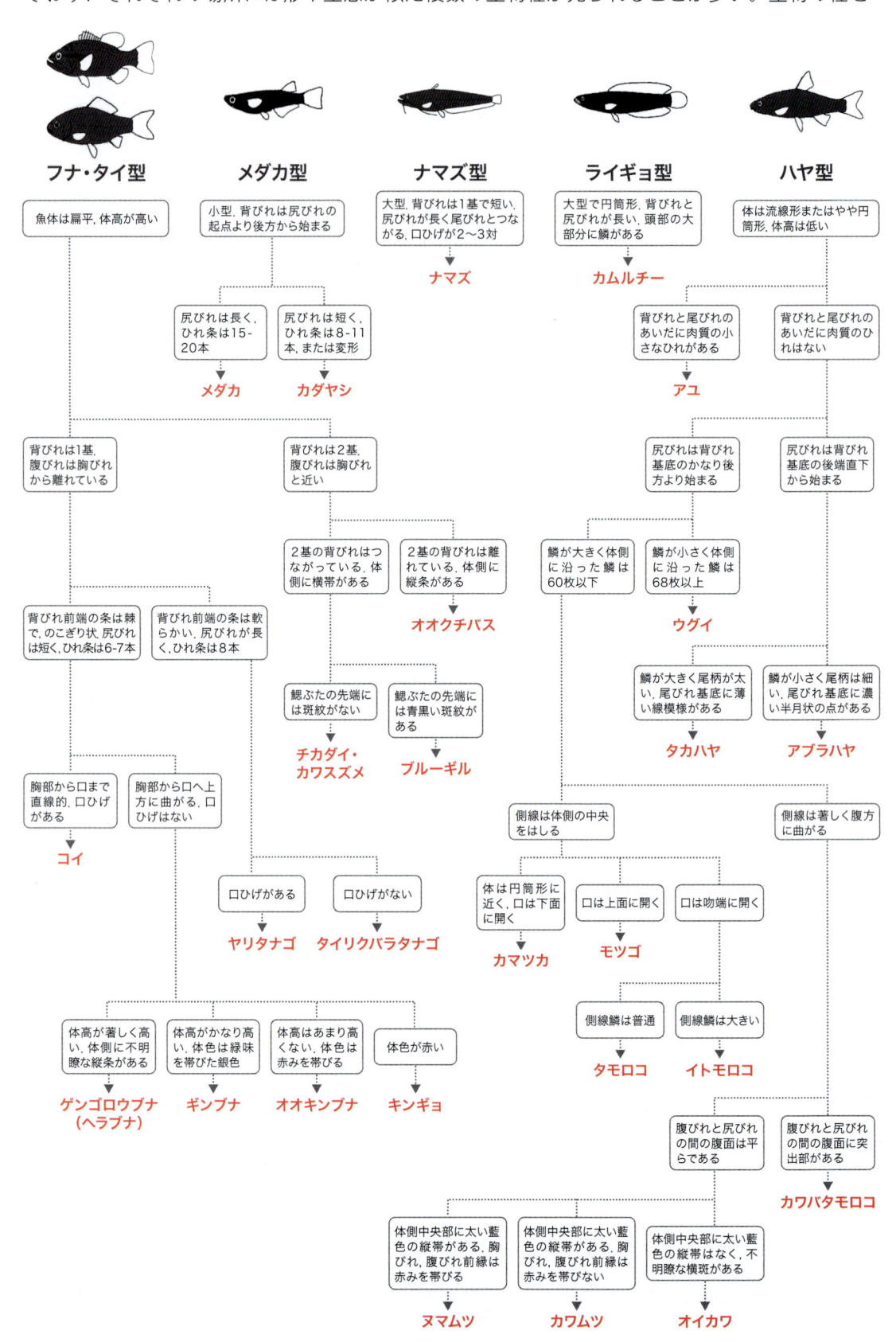

フナ・タイ型
- 魚体は扁平, 体高が高い
  - 背びれは1基, 腹びれは胸びれから離れている
    - 背びれ前端の条は棘で, のこぎり状. 尻びれは短く, ひれ条は6-7本
      - 胸部から口まで直線的. 口ひげがある → **コイ**
      - 胸部から口へ上方に曲がる. 口ひげはない
        - 体高が著しく高い, 体側に不明瞭な縦条がある → **ゲンゴロウブナ（ヘラブナ）**
        - 体高がかなり高い, 体色は緑味を帯びた銀色 → **ギンブナ**
        - 体高はあまり高くない, 体色は赤みを帯びる → **オオキンブナ**
        - 体色が赤い → **キンギョ**
    - 背びれ前端の条は軟らかい, 尻びれが長く, ひれ条は8本
      - 口ひげがある → **ヤリタナゴ**
      - 口ひげがない → **タイリクバラタナゴ**

メダカ型
- 小型, 背びれは尻びれの起点より後方から始まる
  - 尻びれは長く, ひれ条は15-20本 → **メダカ**
  - 尻びれは短く, ひれ条は8-11本, または変形 → **カダヤシ**
- 背びれは2基, 腹びれは胸びれと近い
  - 2基の背びれはつながっている. 体側に横帯がある
    - 鰓ぶたの先端には斑紋がない → **チカダイ・カワスズメ**
    - 鰓ぶたの先端には青黒い斑紋がある → **ブルーギル**
  - 2基の背びれは離れている. 体側に縦条がある → **オオクチバス**

ナマズ型
- 大型, 背びれは1基で短い. 尻びれが長く尾びれとつながる. 口ひげが2～3対 → **ナマズ**

ライギョ型
- 大型で円筒形, 背びれと尻びれが長い, 頭部の大部分に鱗がある → **カムルチー**
- 背びれと尾びれのあいだに肉質の小さなひれがある → **アユ**
- 尻びれは背びれ基底のかなり後方より始まる
  - 鱗が大きく体側に沿った鱗は60枚以下
    - 鱗が大きく尾柄が太い, 尾びれ基底に薄い線模様がある → **タカハヤ**
    - 側線は体側の中央をはしる
      - 体は円筒形に近く, 口は下面に開く → **カマツカ**
      - 口は上面に開く → **モツゴ**
        - 側線鱗は普通 → **タモロコ**
        - 側線鱗は大きい → **イトモロコ**
          - 腹びれと尻びれの間の腹面は平らである
            - 体側中央部に太い藍色の縦帯がある, 胸びれ, 腹びれ前縁は赤みを帯びる → **ヌマムツ**
            - 体側中央部に太い藍色の縦帯がある, 胸びれ, 腹びれ前縁は赤みを帯びない → **カワムツ**
          - 腹びれと尻びれの間の腹面に突出部がある → **カワバタモロコ**
            - 体側中央部に太い藍色の縦帯はなく, 不明瞭な横斑がある → **オイカワ**

ハヤ型
- 体は流線形またはやや円筒形, 体高は低い
  - 背びれと尾びれのあいだに肉質のひれはない
  - 尻びれは背びれ基底の後端直下から始まる
    - 鱗が小さく体側に沿った鱗は68枚以上 → **ウグイ**
    - 鱗が小さく尾柄は細い, 尾びれ基底に濃い半月状の点がある → **アブラハヤ**
  - 側線は著しく腹方に曲がる
    - 口は吻端に開く

はっきりさせる作業を同定といい、田んぼの生きもの調べに正確な同定は欠かすことができない。つぎの図は田んぼまわりの魚類の種を同定するときに役立つようにつくったものである。静岡県内ではだいたい使えるようにしてあるので活用いただければさいわいである。（板井 隆彦）

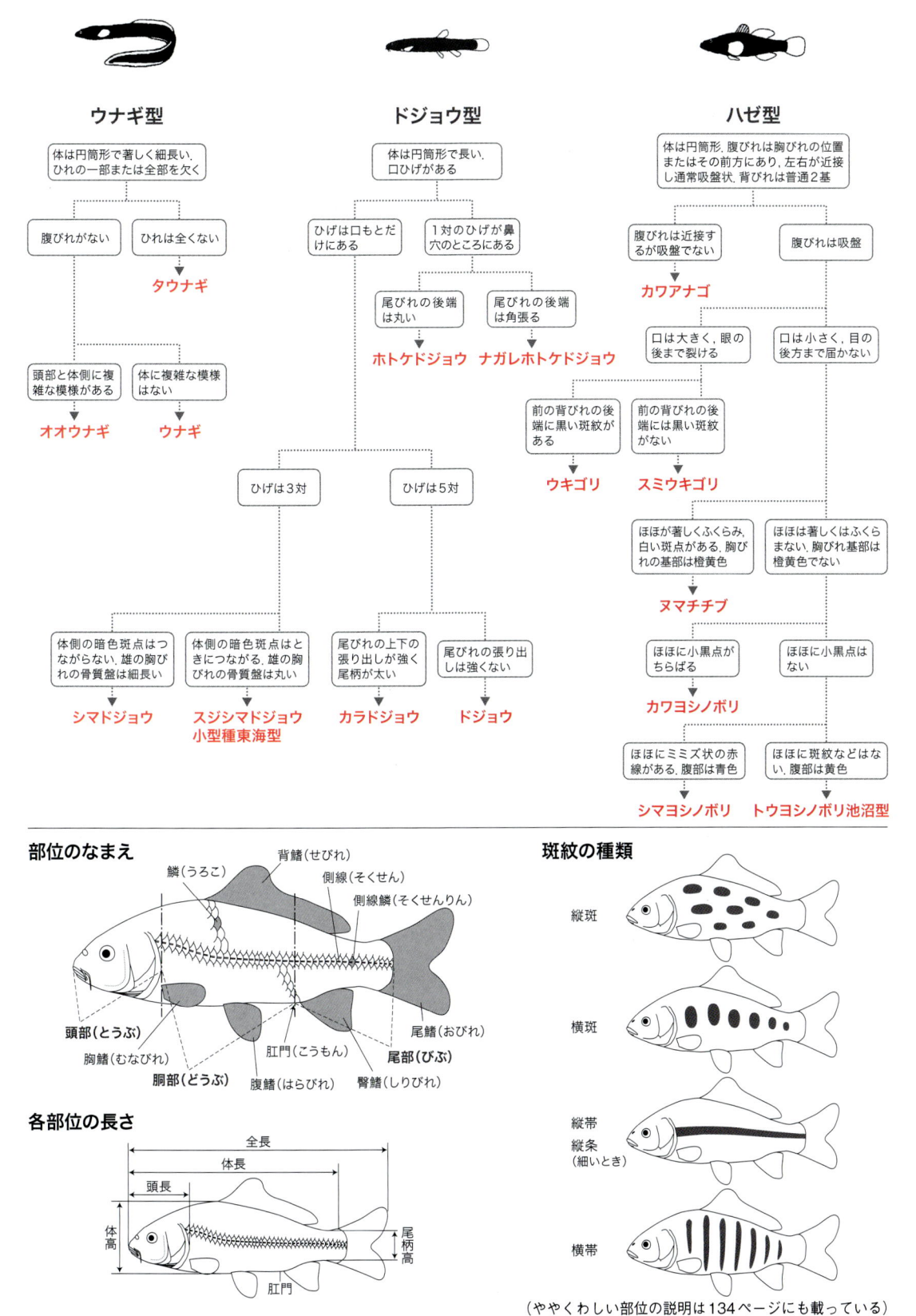

ウナギ型

体は円筒形で著しく細長い。ひれの一部または全部を欠く

- 腹びれがない
  - 頭部と体側に複雑な模様がある → **オオウナギ**
  - 体に複雑な模様はない → **ウナギ**
- ひれは全くない → **タウナギ**

ドジョウ型

体は円筒形で長い。口ひげがある

- ひげは口もとだけにある
  - 尾びれの後端は丸い → **ホトケドジョウ**
  - 尾びれの後端は角張る → **ナガレホトケドジョウ**
- 1対のひげが鼻穴のところにある
  - ひげは3対
    - 体側の暗色斑点はつながらない。雄の胸びれの骨質盤は細長い → **シマドジョウ**
    - 体側の暗色斑点はときにつながる。雄の胸びれの骨質盤は丸い → **スジシマドジョウ 小型種東海型**
  - ひげは5対
    - 尾びれの上下の張り出しが強く尾柄が太い → **カラドジョウ**
    - 尾びれの張り出しは強くない → **ドジョウ**

ハゼ型

体は円筒形、腹びれは胸びれの位置またはその前方にあり、左右が近接し通常吸盤状、背びれは普通2基

- 腹びれは近接するが吸盤でない → **カワアナゴ**
- 腹びれは吸盤
  - 口は大きく、眼の後まで裂ける
    - 前の背びれの後端に黒い斑紋がある → **ウキゴリ**
    - 前の背びれの後端には黒い斑紋がない → **スミウキゴリ**
  - 口は小さく、目の後方まで届かない
    - ほほが著しくふくらみ、白い斑点がある、胸びれの基部は橙黄色 → **ヌマチチブ**
    - ほほは著しくはふくらまない、胸びれ基部は橙黄色でない
      - ほほに小黒点がちらばる → **カワヨシノボリ**
      - ほほに小黒点はない
        - ほほにミミズ状の赤線がある、腹部は青色 → **シマヨシノボリ**
        - ほほに斑紋などはない、腹部は黄色 → **トウヨシノボリ池沼型**

部位のなまえ

鱗（うろこ）、背鰭（せびれ）、側線（そくせん）、側線鱗（そくせんりん）、尾鰭（おびれ）、肛門（こうもん）、尾部（びぶ）、臀鰭（しりびれ）、腹鰭（はらびれ）、胸鰭（むなびれ）、頭部（とうぶ）、胴部（どうぶ）

各部位の長さ

全長、体長、頭長、体高、尾柄高、肛門

斑紋の種類

- 縦斑
- 横斑
- 縦帯／縦条（細いとき）
- 横帯

（ややくわしい部位の説明は134ページにも載っている）

解説（田んぼの魚類）

　田んぼに生息する魚は、その地域の魚類相を反映している。そして地域の魚類相はその地域の地史や自然環境と大きく関わっている。静岡県は東西に長く、黒潮の影響を受ける太平洋に広く面しているとともに、3,000メートルを超える富士山や南アルプスの高山が背後に控えている。日本の淡水魚類の多くは中国大陸に起原をもち、西方から広がってきたため、淡水魚類の種類は西に多く東に向かうにつれて少なくなる傾向があり、これは静岡県内においても同様である。さらに静岡県は海から高山に至る地形的な変化も大きく、田んぼの魚類相は、地域により、流域により、また地形により大きく違っている。

　静岡県は行政の上では西部、中部、東部および伊豆の4つの地域に区分され、淡水魚類の地理的な分布も不思議にこの区分とよく一致している。たとえば、静岡県の西部地域の田んぼまわりにはハヤ類、モロコ類、タナゴ類やドジョウ類の多種の純淡水魚にあたる魚類が生息するが、中部になると数はぐんと減ってしまい、東端にあたる東部地域や伊豆地域の山際の田んぼではごく一部の魚が見られるのみである。したがって、田んぼの魚類といっても、そこに見られる魚は地域によってずいぶん違っている。それらをかんたんに言い表すことは難しいが、この図鑑では、こういった場所の違いもいくらかは示せるように工夫をしておいた。すなわち、各魚種の種名の下に静岡県の地域区分、大生息地区分、小生息地区分をそれぞれ示し、そのうち太字で表わしているところが、当該魚種の分布域、生息域となっている。ただし太字表記となっていないところでも移植により生息がみられるところもある。

（写真：板井）

コイ

Cyprinus carpio

コイ科

【**西部**・**中部**・**東部**・**伊豆**】
【**平地**・**中山間地**・山地】
【**水田**・**水路**・**小川**・**大川**・**池沼**】

特徴
　野生のコイの体形はふつう円筒形である。しかし飼育品種の中には体高の高いものがあり、またさまざまな色彩をもつものがみられる。中には鱗がごく少数しかなかったり、あるいは全くないものもある。幼魚の時はフナと見分けにくいが、コイは2対の口ひげをもち、背びれは長く、全長60cm以上になる。

生態
　雑食し、水底の底生動物や付着藻類（水底の石などにつくけい藻などの微小な藻類）やその分解物（デトリタスという）、水草など何でも食べる。したがってコイを飼育する池などでは水草が生育しないことが多い。コイの口には歯がまったくない。コイのほかフナ、オイカワ、モツゴなどのコイ科に属する魚類の口には歯がないのである。かわりにのどの奥の咽頭骨に咽頭歯という歯がついている。コイのこの歯は臼状で、タニシなどの巻貝の殻もこの歯で割ることができる。春、抽水植物群落のある岸辺で繁殖する。

ギンブナ

Carassius sp.

コイ科

【西部・中部・東部・伊豆】
【平地・中山間地・山地】
【水田・水路・小川・大川・池沼】

(写真：安藤)

特徴

30cmほどになる。体高がかなり高く、口ひげはない。背びれがやや長く、ひれ条数は18本程度である。鰓ぶたのすぐ内側の鰓(これを第1鰓弓という)の鰓把(鰓の内側の白い櫛の歯状の部分)の数は50本程度。この鰓把数は他のフナ類、とくにヘラブナ(ゲンゴロウブナ)との良い区別点となる。産地により透明な鱗をもったものもおり、「かったいぶな」などと呼ばれる。ギンブナはふつう雌ばかりで、雄が見られない。

生態

おもに底層にいて水底の底生動物や付着藻類やその分解物などを雑食して生活する。静岡県では全県に広く分布し、大川から水路までいたるところに見られる。大川で生活するものは、繁殖期には小川・水田などに入ってきて抽水植物帯で産卵する。水田やそのまわりの水路、小川などが仔稚魚の生活場所になるが、田んぼにすむものは落水の時期には小川へさらに大川へと出て行く。運悪く出て行けないものはそのまま死亡することになる。冬期には大川や小川の深みで越冬する。

田んぼ付近にいるフナにゲンゴロウブナ *Carassius cuvieri* もある。このフナは成長すると全長50cmと大形になり、体高はきわめて高い。多くは眼が頭部の中央より下方についている。鰓把の数は90本(筆者が見るものはこれより少なく75本程度のものが多い)と多く、ギンブナなどとのよい区別点になる。静岡県にいるものは琵琶湖原産のゲンゴロウブナをもとに品種改良をして作り出されたフナ釣りの対象魚で、釣り人などはこの魚をヘラブナとよぶ。

また近縁種のオオキンブナ *Carassius buergeri buergeri* も生息する。背びれの条数が13本程度、鰓把の数も35本程度といずれもギンブナより少ない。静岡県では西部地域にいることが知られているが、本種の分布や生態はくわしくはわかっていない。

ヤリタナゴ
Tanakia lanceolata

コイ科

【西部・中部・東部・伊豆】
【平地・中山間地・山地】
【水田・水路・小川・大川・池沼】

（写真：北野）

特徴
　タナゴ類は静岡県西部でタナビラ・ニガヒラなどと呼ばれているが、これらの名は本来は唯一の在来タナゴであるヤリタナゴをさす。タナゴ類としては中型の魚で全長10cmほどになり、体高はあまり高くない。口もとには1対のひげがある。背部が淡い青褐色、腹部が銀白色の体色をもち、尾部に暗色の縦条（頭から尾方向の線）が淡く見られる。背びれのひれ膜には黒いぼうすい形の斑紋（まだらもよう）がある。繁殖期には雄は体の前方が赤みを帯び、腹面は黒く、背びれや尻びれの縁が鮮やかな赤色となり、上あご付近には追星（白色の小突起）ができ、これは中央で左右に分かれている。

生態
　おもに流れのある小川や水路にすむが、流れのゆるい大川や池沼などにもみられ、付着藻類や小動物を雑食して生活している。繁殖期は春。二枚貝のマツカサガイの生息する小川に入り込んで貝に卵を産みつける。メスは伸長した産卵管を貝の水管に差し入れて産卵し、雄が受精させる。ふ化した仔魚は貝内で後期仔魚まで育って貝から出てくる。ヤリタナゴは静岡県で自然分布する唯一のタナゴで、かつては天竜川の東岸以西に広く生息していたが、いまは都田川流域のごく一部に限られてしまい、静岡県では最も絶滅の恐れが高い魚の一つとして静岡県レッドリストでは絶滅危惧ⅠAに指定されている。

マツカサガイ　　　　　　　　（写真：小林）

タイリクバラタナゴ
Rhodeus ocellatus ocellatus
コイ科

【西部・中部・東部・伊豆】
【平地・中山間地・山地】
【水田・水路・小川・大川・池沼】

(写真：安藤)

特徴
　全長8cmほどの小型で体高がきわめて高い魚である。口ひげはない。淡い緑褐色をしており、雄は繁殖期に体の背部が青緑色、頭部や腹部、尾部が鮮やかな赤色となり、上あご付近に白色の追星をもつ。雌は幼魚と同様の体色のままで、背びれ前半部に黒色の斑点がある。体側の側線（感覚器官のひとつ）は不完全（頭部から尾部まで一続きでない）で、有孔鱗（側線につながる穴が空いた鱗）は前方の数枚のみに限られる。

生態
　おもに底層にいて付着藻類や小動物を雑食して生活する。繁殖期は春から夏にかけて。雌は伸びた産卵管をドブガイやイシガイなどの二枚貝の水管に差し入れて産卵し、雄が受精させる。ふ化した仔魚は貝内でしばらく育ち、後期仔魚になって貝から出てくる。中国原産の外来魚で、飼いやすく繁殖期の雄は美麗で観賞魚として利用されているが、繁殖には二枚貝が必要で、水槽内で増やすのは難しい。

モツゴ
Pseudorasbora parva
コイ科

【西部・中部・東部・伊豆】
【平地・中山間地・山地】
【水田・水路・小川・大川・池沼】

(写真：安藤)

特徴
　流線形の小型の魚。口は小さく頭部の上面につき、口ひげはない。吻（眼から先の部分）から体側中央に沿って尾びれの付け根まで黒ないし暗紫色の縦条がはしる。体型が似たタモロコでは尾びれの基部でいったん縦条が切れ、尾びれに黒点として再び現れるので、区別は容易である。繁殖期には雄は全体が黒くなり縦帯がはっきりしない婚姻色を示すが、雌には大きな変化は現れない。また雄には口の周囲に白色の追星ができる。全長8cmほどになる。

生態
　静岡県ではほぼ全県に生息する。生息場所は小川から大川の下流域、池沼などと広く、おもに底層の付着藻類や小動物を雑食して生活している。繁殖期は春から夏にかけて、河川、小川や水路、田んぼあるいは池沼などで行われ、卵はヨシなどの抽水植物の茎や水底の石や貝殻などの表面を掃除して産み着け、ふ化するまで雄がまもる。

タモロコ
Gnathopogon elongatus elongatus
コイ科

【西部・中部・東部・伊豆】
【平地・中山間地・山地】
【水田・水路・小川・大川・池沼】

（写真：安藤）

特徴
　小型の流線形の魚。口は頭部の前端につき、口まわりには1対のひげがある。体側の黒色の縦条は太く、中央に沿って走り、尾びれの付け根でいったん縦条が切れたあと再び尾びれに黒点として現れる。繁殖期の婚姻色ははっきりせず、雌雄の違いは明瞭ではないが、雄にはごく小さな白色の追星ができる。全長10cm。

生態
　おもに小川や水路などにすみ、大川の中流域から下流域のほか、池沼などにも生息する。おもに底層付近にいて水生昆虫などの小動物を中心に水草なども雑食して生活している。繁殖期は春から夏にかけてで、水路や小川、田んぼや湖沼沿岸の水草や抽水植物の多いところで産卵し、卵は水草やヨシなどの抽水植物の根などに産み着ける。

カワバタモロコ
Hemigrammocypris rasborella
コイ科

【西部・中部・東部・伊豆】
【平地・中山間地・山地】
【水田・水路・小川・大川・池沼】

（写真：板井）

特徴
　カワムツにやや似て体側中央にぼんやりとした暗色の縦帯があるが、カワムツよりはるかに小さく、雄は全長4cm、雌は6cmほどにしかならない。口はななめ上方に開き、口ひげはない。体高はやや高く、腹部の腹びれから尻びれまでの間は硬く骨状に盛りあがっている。繁殖期雄は鮮やかな黄金色に彩られるが、雌は銀白色のままで腹部が大きくふくらむ。

生態
　おもに小川や池沼などの中層にいて付着藻類や水生の小動物を雑食して生活している。繁殖はおもに初夏の早朝に行い、水草や陸上植物が水中にもたれ込んだところなどで大形の雌を数尾の雄が追尾して産卵・放精する。受精卵は粘着性があり、水草の茎や葉、水中の植物の葉などに付着する。卵やふ化仔魚はきわめて小さく、ふ化したばかりの仔魚はしばらくふ化したところにぶら下がって静止している。平地性の魚のため、経済発展とともに進んだ平地での土地利用の高度化により、全国的に本種の生息地は著しく減ってしまった。静岡県でもかつては藤枝市の瀬戸川水系以西の平地に広く分布していたが、次々と生息場所が失われて、いまでは藤枝市の藪田川など何らかの保護対策がとられている2〜3水域だけに限られてしまった。静岡県のレッドリストでは絶滅危惧ⅠA類に載せられている。

カワムツ
Nipponocypris temminckii
コイ科

【西部・中部・東部・伊豆】
【平地・中山間地・山地】
【水田・水路・小川・大川・池沼】

（写真：安藤）

ヌマムツ
Nipponocypris sieboldii
コイ科

【西部・中部・東部・伊豆】
【平地・中山間地・山地】
【水田・水路・小川・大川・池沼】

（写真：安藤）

特徴
　カワムツは、全長15cmほどの中型の魚で、オイカワに似るが、体幅（体の左右の幅）がやや広く、側線鱗数（体側に沿う鱗の枚数）が多い。体側中央に濃く太い暗色の縦帯（縦の太い線）があり、比較的大きな個体では他種との区別は容易である。側線は頭部の後方で著しく腹方に曲がる。雄の方が大きく、最大で全長18cmに達するものもある。静岡県西部ではオイカワが「ハヤ」と呼ばれるのに対して、「ブト」と呼ばれることが多い。繁殖期は初夏で婚姻色に彩られた雄は尻びれ等のひれ条が伸張し、頭部などに白色の追星をもつ。このため雄はとくに「アカブト」などと呼ばれる。

生態
　おもに川の上流域の下部から中流域の上部にかけての淵などの流れの緩いところに生息する。おもな生息域は渓流域であるが、山麓の小川や水路、ときには平地の小川にも見られる。落下昆虫、水生昆虫などの底生動物、川底の付着藻類などを雑食し、晩春から初夏にかけて砂礫底または砂泥底のところで繁殖する。

　本種の自然分布域は静岡県の牧ノ原台地の河川までの西部地域に限られるが、人為により中部や東部の多くの川にも入り込んで、在来の魚類の生息を圧迫している。

　なお本種にたいへんよく似た魚にヌマムツがある。両者は長い間区別されてこなかったが、2003年頃になってカワムツをB、ヌマムツをAとして記号による区分が行われるようになり、現在は別種とされている。カワムツより鱗の枚数や尻びれの条数がやや多く、胸びれや腹びれの先端が赤く染まっていることで区別できる。一般にカワムツよりも下流側の大川を主な生息域とするようである。ヌマムツは静岡県内には自然分布域はないが、本種も移殖などによってすでに多くの水域に入り込んでいる。

オイカワ
Zacco platypus
コイ科

【西部・中部・東部・伊豆】
【平地・中山間地・山地】
【水田・水路・小川・大川・池沼】

(写真：安藤)

特徴
　全長15cmほどになる中型の魚で、カワムツ・ヌマムツに似ており、とくに幼時には区別が難しい。本種は、これらの魚に比べ体幅が狭く、側線鱗数が少なく、体側に暗色の縦帯などはなく、銀白色の体に赤みを帯びた不規則な横斑（背腹に長い斑紋）が見られる。雄は雌に比べ大きくなり尻びれなどのひれも長い。とくに繁殖期には体側が青緑色に彩られ、横斑の色も鮮やかとなり、頭部やひれ、体側に白色の追星ができる。側線はカワムツなどと同様に頭部の後方で著しく腹方に曲がる。本種は静岡県では広く「ハヤ」と呼ばれ、静岡県中部以西には広く連続的に生息している。しかし、中部の東端近く、東部や伊豆半島などに自然分布の空白域が広く存在し、そういった地域ではアブラハヤなどをハヤと呼ぶことが多い。オイカワは近年これらの地域の多くの川にアユの放流などとともに入り込み、ハヤのほか、ヤマベなどの関東での呼び名やカーリーなど独特の名で呼ばれるようになっている。また大きな性差のため雌雄が別種と考えられたためか、雄をとくにネギバヤなどと呼び分けることもある。

生態
　中流域下部の平瀬を中心として、大川の上流域下部から下流域上部にかけて、また水路や小川、湖沼などの流れの速い瀬から淵や止水域に広く生息する。稚魚やごく若い未成魚は水田にも入り込む。付着藻類や底生動物などを広く雑食して生活し、晩春から初夏にかけて繁殖し、砂礫中に産卵する。

アブラハヤ

Rhynchocypris lagowski steindachneri

コイ科

【西部・中部・東部・伊豆】
【平地・中山間地・山地】
【水田・水路・小川・大川・池沼】

(写真：安藤)

タカハヤ

Rhynchocypris oxycephalus jouyi

コイ科

【西部・中部・東部・伊豆】
【平地・中山間地・山地】
【水田・水路・小川・大川・池沼】

(写真：板井)

特徴

アブラハヤは最大で全長20cmほどになる中型の魚で、流線形で、淡い黄褐色ないし緑褐色の地色の体の体側中央部を黒い縦条がはしり、その背方に明るい黄金色の縦条がある。和名は水からあげたときに体側が油のように光ることから名がついたようで、アブラッパヤとかノメッチョなどとも呼ばれる。中部地域以西には近縁種のタカハヤも分布し、よく似ていて紛れやすいが、アブラハヤの方が色彩がすっきりしており、鱗が細かく、尾柄が細長いことで区別できる。

生態

アブラハヤはタカハヤに比べて下流側にまで分布し、大川の下流域上部から上流域にかけて、とくに細い支流などにすみ、田んぼまわりの小川や水路にも多い。タカハヤはおもに山地まわりの流れに見られる。2種はともにアブラハヤ属に属し、生態がよく似ている。ともにおもに淵や平瀬などにすみ、付着藻類や底生動物、陸生の落下昆虫などを雑食して生活し、中春から初夏にかけて砂礫底のところで産卵する。2種が共存する川ではタカハヤが上流側、アブラハヤが下流側にと川を上下にすみわける。

ドジョウ
Misgurnus anguillicaudatus
ドジョウ科

【西部・中部・東部・伊豆】
【平地・中山間地・山地】
【水田・水路・小川・大川・池沼】

（写真：安藤）

特徴
　最大で全長20cmの円筒形をした細長い魚である。背部は暗い緑褐色で暗い小さな斑点が縦に並び、腹部は淡黄色である。魚体はなめらかで一見無鱗のように見えるが、ごく小さな多数の鱗におおわれている。口は下方に開き5対のひげがある。尾びれの末端はうちわ状に円くなっている。雄は雌より小さいが、ひれは長く、胸びれの基部にはひれ条がふくらんだ骨質盤（こつしつばん）が発達する。

生態
　静岡県下では伊豆から西部まで、高地を除き、平地から山地にかけての水域に広く分布する。「泥鰌（どじょう）」の名のとおり、泥の多いところで生活し、泥の中の有機物や底生動物などを食べる。繁殖期は春。田んぼでは田に水が入れられて代掻きがされたあと、真っ先に入り込んできて産卵する。泥の上にばらまかれた卵は2日ほどでふ化し、夏に田から水が落されるまで田んぼの中で暮らす。ドジョウはえら・皮膚（ひふ）で呼吸するほか、水面まで泳ぎ出て空気を飲み込んで行う腸呼吸もできるので、低酸素条件にも比較的よく耐える。
　静岡県では西部の平野部の小川を中心に尾柄（び）（尻びれより後方で尾びれの付け根までの尾部）の太いカラドジョウ *Paramisgurnus dabryanus* も見られるようになった。この魚は外来種で朝鮮半島などからはいってきた魚である。魚屋さんが売るドジョウに多いとされており、この方面から逃げ出したものと思われる。

シマドジョウ
Cobitis biwae
ドジョウ科

【西部・中部・東部・伊豆】
【平地・中山間地・山地】
【水田・水路・小川・大川・池沼】

（写真：安藤）

特徴
　全長13cmほどの円筒形をしたやや細長い魚である。ごく小さな鱗があるが、ほとんど体の中に埋まっているので、体表面はすべすべしている。淡い黄褐色の魚体の体側中央部に暗色の斑紋が10個ほど並ぶほか、背面にも数本の小さい斑紋列が不規則に並ぶ。口は下方に開き、口ひげは3対である。眼の下の溝に1本の鋭い棘がかくれており、ふだんはねかされているが、つかまえられたときなどにはそれを立てる。尾びれの末端は直線的。雄の胸びれ基部に発達する骨質盤と呼ばれるふくらみは鳥のくちばし状に長くなっている。

生態
　静岡県下では伊豆を除き、東部から西部までの、平地から高地を除く山地にかけて広く分布する。大川に多いが、小川や水路、田んぼにもみられる。砂底のところに好んですみ、よく砂の中に潜って砂の中の有機物や底生動物などを食べて生活している。繁殖は晩春から初夏にかけて行い、小川や田んぼまわりの小溝で水生植物の根のまわりに産卵し、幼魚はしばしば田んぼにもはいり込む。スジシマドジョウ小型種と共存する西部では、上流側のやや粗い砂礫底のところにすむ。

スジシマドジョウ小型種東海型

Cobitis sp. S Tokai form

ドジョウ科

【西部・中部・東部・伊豆】
【平地・中山間地・山地】
【水田・水路・小川・大川・池沼】

（写真：安藤）

特徴

シマドジョウにたいへんよく似た全長6cm未満の魚。雄は雌よりも一回り小さい。形態はシマドジョウに類似する。魚体は透明感のある淡い肌色の地色をしており、暗色の斑紋は細く、数もやや多く、繁殖期の雄は斑紋がつながって縦条となる。繁殖期以外では雄も点列型の斑紋となる。尾びれの末端はシマドジョウと同じく直線的であるが、尾びれの斑点列は3本ほどでシマドジョウに比べて少ない。雄の胸びれ基部にある骨質盤は丸くふくらんでいる。スジシマドジョウには大・中・小型種があり、小型種にも九州から東海地方までいくつかの種族がある。東海型は小型種の中でも最も東方にまで分布する種族で、静岡県の唯一の自然分布のスジシマドジョウとなっており、西部地域の太田川水系が東限となっている。大型種も静岡県の伊豆地域の狩野川水系で定着が確認されているが、これは移入種である。

生態

スジシマドジョウ小型種東海型は、川の中流域下部から下流域の上部や平地の小川などの比較的水が汚れていない水域の細砂底に生息する。用排水の区別のない農業水路によく高密度でみられることから、田んぼとの関係が深いと思われるが、他の地方型のように田んぼの中に入り込んで繁殖するかなどのくわしい生態は分かっていない。シマドジョウと同様よく砂の中に潜り、砂の中の有機物や底生動物などを食べて生活する。繁殖は晩春から初夏にかけてと考えられるが、くわしい時期はわかっていない。本種は、シマドジョウがいる川では、流れがゆるく目の細かい砂底にみられる。静岡県では西部地域の太田川以西の川に分布するが、水路のコンクリート化や河川整備などで産地が失われたり生息環境の悪化が急速に進み、環境省および静岡県の絶滅危惧ⅠB類に指定されている。

ホトケドジョウ
Lefua echigonia

ドジョウ科

【西部・中部・東部・伊豆】
【平地・中山間地・山地】
【水田・水路・小川・大川・池沼】

(写真：安藤)

特徴
　全長6cm未満の小魚で、円筒形でやや細長い魚であるが、ドジョウに比べると体ははるかに短い。口もとに4対のヒゲがあり、そのうちの1対は鼻孔付近からでているので、その特徴から本種を見分けることができる。尾びれの末端は丸く、体色は黄色味を帯びた褐色で、体側やひれに暗色の小斑点があるが、体色や斑点分布などは産地によってかなり異なる。また産地や個体によっては腹部の赤みが強いものもみられる。近縁種に体がやや細長くてヒゲが長く、尾びれが角張っているナガレホトケドジョウ *Lefua* sp. があり、これも太田川水系以西の河川に分布するが、ホトケドジョウよりも上流の源流景観の小流におおよそ限られる。

生態
　本種は丘陵や平地の泉を水源としたり、山からの浸みだし水があるような汚れの少ない細流や小川の源流部におもに生息する。繁殖は春に水草が生えていたり、岸から草がもたれ込んでいるような小溝や小川などで行われ、卵は水草などの葉や茎に生みつけられる。ふ化した仔稚魚は小川の深みなどの流れの緩やかなところに集まり、また田んぼまわりの溝や用水口付近にもみられる。しかし、ほ場整備によって小川や水路が全面的にコンクリートの溝となったところでは、これらの生活環境が失われて姿を消してしまう。本種もかつては静岡県に広く分布していたようであるが、全県的に生息場所がつぎつぎと失われて、すでに伊豆では絶滅してしまった。東部や中部でも生息地が局限されてしまい、静岡県のレッドデータブックでは絶滅危惧ⅠA類にリストアップされ、まだ生息地が比較的多く残り絶滅危惧Ⅱ類とされている西部でも、最近は生息地が急減しつつある。環境省のレッドリストでは絶滅危惧ⅠB類にあげられている。

ナマズ

Silurus asotus

ナマズ科

【西部・中部・東部・伊豆】
【平地・中山間地・山地】
【水田・水路・小川・大川・池沼】

（写真：安藤）

特徴

大型で全長60cmほどになる魚。体色は暗褐色から緑色を帯びた黄褐色で、不規則な雲形の模様がある。背びれは小さく体の前方につき、尻びれは長く、肛門付近から尾びれまで続き、尾びれは浅く中央がくぼむ。目は小さく、上あごに長い1対のヒゲ、下あごに短い1対のヒゲがあるが、ふ化したばかりには下あごにもう1対のヒゲがみられる。体に鱗はなく、側線は体側の中央をはしるほか、背腹につながるものも多数あって網目もようとなっている。

生態

関東以北には古くはいなかったようで、日本列島でどこまでが自然に分布していたのかは分かっていない。静岡県では伊豆以外の地域に広く分布し、川の中下流や水路・池沼などにおもにすみ、幼時は底生動物など、未成魚や成魚は魚類やカエルなどをおもに食べて生活している。繁殖は晩春から初夏にかけて行い、小川や田んぼに入り込み、あるいは池沼の沿岸で産卵する。卵は水生植物などに生みつけるが、多くは泥の上などに落ちてしまう。近年はほ場整備によって水田と水路に落差ができているところが多くなり、水田内でナマズの産卵や仔稚魚がみられることは少なくなってしまった。ナマズの生息が近年少なくなってきたのにはこのような事情もあるように思われる。

メダカ
Oryzias latipes latipes
メダカ科

【西部・中部・東部・伊豆】
【平地・中山間地・山地】
【水田・水路・小川・大川・池沼】

（写真：安藤）
（写真：板井）

特徴
　全長4cmほどの小魚。漢字では「目高」と書くが、目は頭部の上部ではなく、横についていて大きい。尾びれ末端は直線的。背びれは体の後方にあり、尻びれは長い。体の背面には黒い縦条があり、頭部では2本に分かれている。雌雄の違いはひれによく現れ、雄の背びれはひれ膜が破れたようになっており、尻びれは大きくて平行四辺形状になっている。

生態
　河川の下流域、池沼、平地の小川など広く生息し、水田のまわりなどにとくに多く、学名もイネにちなんでつけられている。日本では青森県以南に広く分布し、朝鮮半島などにも自然分布する。近年遺伝的な研究がよく進み、国内のメダカは日本では南日本集団と北日本集団にわかれ、各集団でも地域的に遺伝的な変異があることが明らかにされている。動物プランクトンなどを食べて生活し、繁殖期は晩春から夏の終わりまで長く続く。繁殖は雄が背びれと尻びれで雌を包み込むようにして行い、雌の生む卵に受精させる。雌は受精卵を肛門付近にしばらく付けたのち、水草などに付着させる。観賞用にヒメダカなどの飼育品種も多くつくられている。飼育すると数年生きるが、自然では寿命はせいぜい1年である。

カダヤシ
Gambusia affinis
カダヤシ科

【西部・中部・東部・伊豆】
【平地・中山間地・山地】
【水田・水路・小川・大川・池沼】

（写真：安藤）

特徴
　メダカによく似た魚であるが、背中に黒い縦条はない。雌はメダカよりやや大きく5cmほどになる。尾びれの末端は丸い。尻びれは短く、背びれも体の中ほど近くにある。雄は小さく3cmほどで、尻びれが変形して交尾器となっている。

生態
　川の下流域、池沼、小川、水田まわりの水路など生息場所はメダカとほぼ一致するが、カダヤシは海水のまじるところにも生息できる。北アメリカを原産とする外来種で、日本には蚊の幼虫であるボウフラを退治するために移殖されたようである。卵胎生（雌の体内で受精し仔魚を生む）で、繁殖期は春から秋まで長くつづき、1回に100尾ほどの仔魚を生む。日本では現在本州以南に広く分布を拡大し、動物プランクトンなどを食べる食性もメダカとほぼ同じ。攻撃性が強く、在来のメダカを駆逐するとして法定の特定外来種に指定され、移殖、飼育や移動などが禁じられている。静岡県では東部から西部にかけての平野部で本種が生息地を急速に拡大し、その一方でメダカの生息地や生息密度が急減している。

Column

外来種

　外来種とは、大まかにいえば、その土地にはもとからはいなかった生きものを他の土地（国外、国内を問わない）から持ち込んだもので、厳密にはその土地にもとからいる種と同じでも遺伝的に異なれば適用される。魚でいえば、ニジマス、オオクチバス、ブルーギル、カダヤシ、タイリクバラタナゴなどが国外産、イトモロコ、ニゴイ、ゲンゴロウブナなどが国内の他地域産、アマゴやアユ、コイ、ギンブナなど水産増殖を目的として川に放流されるもの、またビオトープなど造成された環境に導入されるメダカなどのほとんどが同種がもともと分布しているものの遺伝的に異なるものとなり、アユなどの放流に紛れて入り込むオイカワやカマツカなども地域により後二者のいずれかとなる。これら外来種はしばしば在来の魚類群集や、近縁種の生存や系統を乱すことが知られ、その程度の著しいものは「特定外来種」に指定されて、持ち込みや、飼育、移動等が厳しく制限されている。

　カワバタモロコは美しくてかわいいうえに飼いやすいので、熱帯魚店などでも販売されているが、その産地はたいてい明らかでなく、静岡県内の店で見かけるものは愛知県産のものが多いようである。静岡県では現在生息地がごく限られており、そこでは商業的な大量捕獲による生息数の減少がつねに心配事のひとつになっている。生息地の大部分は保護されてはいるものの、その危険はつねにつきまとっている。また希少なので移殖による混乱の心配はなさそうに思えるが、最近では静岡市内の川で見つかったことがある。本来は藤枝市以西に自然分布するもので、静岡市のものは人為によって生じた分布であることは明らかである。またこれに近縁で九州地方にしかいないはずのヒナモロコさえ伊豆半島の河川で見つかるようなことも起こっている。

　魚を飼うのは楽しく生活の潤いとなるが、「飼育」によって環境の無用な混乱を生じさせないために、飼育のマナーは守らなければならない。飼育をやむを得ず断念せざるを得なくなり、不要になってしまった魚は、自分で殺すか、買った熱帯魚店に持ち込むかするなどしてきちんと処理する必要がある。自分で捕まえた魚は健全なものであれば、もちろんもとの川に戻せばよいが、病気などが発生していることも多いので、そのような場合には酷なようでも始末をするべきである。ペットショップから購入してかわいがったアライグマが、成長によって手に負えなくなって野に放たれ、日本国中で大繁殖したために特定外来種に指定されて駆除される、いわゆる「アライグマの悲劇」を二度と起こさないためにも、飼育のマナーはきちんと守らなければならない。

（板井 隆彦）

静岡市内でわなにかかって駆除されたアライグマ　　（写真：三宅）

ヨシノボリのなかま（カワヨシノボリを除く）
Rhinogobius spp.
ハゼ科

【西部・中部・東部・伊豆】
【平地・中山間地・山地】
【水田・水路・小川・大川・池沼】

シマヨシノボリ　　　　　　　　　　（写真：安藤）

トウヨシノボリ池沼型　　　　　　　（写真：安藤）

特徴と生態
　ヨシノボリ類には多くの種類がみられる。一般に体は円筒形で、ふつう全長6～7cm程度の小魚である。背びれは2基あり、腹びれは左右が合わさって吸盤状となる。ここでいうヨシノボリ類とは別に記したカワヨシノボリ以外のヨシノボリ類を指し、静岡県にはシマ・オオ・ルリ・クロ・トウの冠をもつ5種とトウヨシノボリ池沼型が生息し、すべて底生生活をする。クロヨシノボリのように伊豆半島にほぼ限定されるなど、種類によって県内の分布に多少のかたよりがある。ここでは田んぼまわりに普通に見られるものだけを述べることにする。
　シマヨシノボリ *R.* sp. CB は静岡県で最も分布が広いヨシノボリで、海とつながるほぼ全県の河川に見られる。全長7cmほどで、メスはこれよりやや小さい。体側には形が一定しないがはっきりとしたしま模様が見られる。ほほに細いミミズ状の赤い線模様があり、腹部は青く、とくに産卵期のメスでは鮮やかである。尾びれには褐色の点列がたくさん並ぶ。一生のうちに海と川とを行き来する回遊魚で、晩春に川の浅瀬で産卵する。繁殖生態はヨシノボリ類のどの種でも大体同じで、流れのある川底の乗り石や沈み石の下に雄が穴を掘って産卵室をつくり、雌を呼び込んで石うらに産卵させる。雌は小さい紡すい形の卵をふつう1,000個以上産み、受精後雄はふ化するまで卵をまもる。ふ化した仔魚は直ちに川を下り降海する。しばらく海で過ごし稚魚となって初夏に川に入ってくる。未成魚や成魚は大川の中流域を主な生息場所として付着藻類や底生動物を雑食して生活する。場所によっては小支流や水路、小川などにもみられる。
　トウヨシノボリ池沼型 *R.* sp. OR f. P は全長6cmほどにしかならない小型のヨシノボリである。体側にしま模様があってシマヨシノボリに似るが、ほほに特別な模様などはない。トウヨシノボリでも回遊し大型になる型の雄は一般に尾びれ基部にだいだい色の斑紋を持つが、この種類ではこの斑紋は現れない。また尾びれにはっきりとした点列がな

い。腹部の色は黄色である。この魚は池沼や溜池、あるいはそれに続く小川や水路などにみられ、池沼などに陸封していると考えられていて、産卵も池沼などの岸辺で行われる。生息地のひとつに静岡市の巴川流域の麻機遊水地周辺があるが、この水域では本種は広く生息し、遊水地内の池、周辺の小川、田んぼまわりの水路のほか、巴川の本流やその下流の大谷川放水路などにもみられる。

他のヨシノボリでは、回遊性で本型より大形になるトウヨシノボリ *R. sp.* OR は大川の中流域に、オオヨシノボリ *R. sp.* LD とルリヨシノボリ *R. sp.* CO は河川の上流域に（前者は伊豆以外、後者は伊豆におもに分布）、クロヨシノボリ *R. sp.* DA は伊豆地域の小河川の上流域におもに生息する種類で、これらもときに小川や農業水路などでもみつかることがある。

カワヨシノボリ
Rhinogobius flumineus
ハゼ科

【西部・中部・東部・伊豆】
【平地・中山間地・山地】
【水田・水路・小川・大川・池沼】

（写真：安藤）

特徴
全長6cm程度のヨシノボリ属の一種である。形態はシマヨシノボリなどとほぼ同じであるが、本種はほほに暗色の小斑点をもち、雄の尾びれ基部にはだいだい色の斑紋がある。胸びれの条数も重要な形質で、15〜17本と他のヨシノボリ類の19〜22本と比べて少ないので他のヨシノボリ類とよく区別できるが、これにはルーペなどが必要になる。本種の分布はフォッサマグナの西縁で見事に断たれており、富士川より西には広く分布するが、潤井川以東の東部や伊豆地域にはまったくみられない。

生態
この魚はハゼ科の魚でありながら一生を川で過ごす珍しい生態を持っている。晩春から初夏に繁殖し、石うらに紡すい形をした比較的大きい卵を100個ほど産みつけ、ふ化するまで雄が守る。ふ化した魚はすでに稚魚段階に達しており、すぐに着底して成魚と同様の生活をはじめる。本種は大川の中流域から上流域の下部、支流などを主な生息場所として底生生活を行い、付着藻類や底生動物を雑食している。また小支流や水路、小川などにも多くみられる。しかし溜池や田んぼなど流れのないところにははいらない。

ウキゴリのなかま

スミウキゴリ
Gymnogobius petshiliensis
ハゼ科

【西部・中部・東部・伊豆】
【平地・中山間地・山地】
【水田・水路・小川・大川・池沼】

(写真：安藤)

ウキゴリ
Gymnogobius urotaenia

【西部・中部・東部・伊豆】
【平地・中山間地・山地】
【水田・水路・小川・大川・池沼】

(写真：安藤)

特徴と生態

　全長16cmほどになる円筒形のハゼ科の魚。ウキゴリは浮くゴリ（ハゼ）の意味で、とくに稚魚や未成魚はよどみで浮いていることの多い魚である。背びれは2基あり、胸びれは吸盤状となっている。鱗は小さく体表面はぬるぬるして滑らかである。口は大きく、そこからのぞく舌の先は少しくぼんでおり、他のハゼ類と見分ける大きな特徴となっている。静岡県の川ではスミウキゴリとウキゴリの2種が見られ、第1背びれ（前方の背びれ）の後端に黒い斑紋があるのがウキゴリ、ないのがスミウキゴリである。
　ともに一生のうちに海と川とを行き来する回遊魚である。2種の生態に大きな違いはなく、川の淵や川岸など、流れのゆるいところにすみ、底生動物や水際のミミズや陸上動物なども捕食するほぼ完全な動物食の生活をおくっている。繁殖期は早春。雌雄ともにやや黒くなり、雌は腹部が鮮やかな黄色となって、石の下面などに入り込み房状に卵を生みつける。静岡県ではスミウキゴリはほぼ全県の河川に広く生息するが、ウキゴリは西部地域と伊豆半島の一部などに分布域がやや限られる。両者が分布する河川ではウキゴリの方がやや上流に生息する傾向があるが、いずれも河川の下流域から中流域とそこにつながる支流や小流、水田脇の小溝などに入り込んで住みつく。腹びれ吸盤の吸着力は強くはないが、多少の落差なら乗り越えるので、他の魚がいっさいいないような小溝で見つかることもある。

Column

幼魚の見分け方

　田んぼや田んぼ脇の小溝、水路は幼魚たちのゆりかごとなっている。夏、こういったところをのぞいてみると、いろいろな小魚が目につくが、水面を通して上から見ただけで区別するのは、魚をよく知っていても難しい。タモ網やざるなどですくえば簡単に捕らえることができるので、体型、頭部の形やひれの位置、体のもようなどをくわしく見てみると、種類の見当があるていどつく。ここではこの図鑑に登場した魚の中で田んぼ周辺に幼魚がいる種類に限って見分けかたをのべておく。まず網などで捕まえるときに、水面近くに浮いている魚（遊泳魚）と、水底にいたり、泥になかばもぐっていたりする魚（底生魚）を見分けておこう。あとで種類分けの役に立つ。

（板井　隆彦）

A1. 流線形の魚：遊泳魚である。水面からのぞき込んでメダカではと思う魚がこのなかま。メダカやカダヤシ、オイカワやカワムツ、アブラハヤやタカハヤ、タモロコやモツゴなどが代表的
　B1. 尾びれの先端は直線的かやや丸い……メダカのなかま
　　C1. 背部中央に暗色のはっきりした線があり、頭部では二またに分かれる。背びれは小さく尾びれの近くにつく。しりびれは長い……メダカ
　　C2. 背部中央にはっきりした線は認められない。背びれは体の中ほどにつく。しりびれは短い……カダヤシ
　B2. 尾びれの先端は二またに分かれる……ハヤ・モロコのなかま
　　C3. しりびれの起点は背びれの後端付近にある……アブラハヤ類
　　　D1. 体側の中央にはっきりした黒い縦帯がある……アブラハヤ
　　　D2. 体側の中央の黒色縦帯ははっきりしていない。体側全体に小斑点が散らばる……タカハヤ
　　C4. しりびれの起点は背びれの後端よりかなり後から始まる
　　　D3. 体高は高い。背びれのひれ膜に暗色の模様はない……カワバタモロコ
　　　D4. やや体高がある。背びれのひれ膜に黒い模様がある……カワムツ・オイカワのなかま
　　　　E1. 体の幅がややあり、体側中央に暗色の縦帯が見えるときは、太い……カワムツ・ヌマムツ
　　　　E2. 体の幅はうすく、体側中央に太い縦帯はない……オイカワ
　　　D5. 体は円筒形に近い……モロコのなかま
　　　　E3. 体側中央に暗色の縦条が尾までつづく
　　　　　F1. 縦条は細く尾までひと続きである。口は上方に開く……モツゴ
　　　　　F2. 縦条はやや太く尾びれまで続くとともに、尾びれの基部に黒点がある。口ひげがある……タモロコ
　　　　E4. 体側に縦条はない。体側の中央の鱗が他より大きい。口ひげがある……イトモロコ
A2. フナ型の魚：体が平たく、川底付近にいることが多い魚。コイ、フナ、タナゴなどが含まれる
　B3. 体高がきわめて高い。背びれは短く前半に黒い斑点がある……タイリクバラタナゴ
　B4. 体高がやや高い。
　　C5. 背びれが短く、口ひげがある……ヤリタナゴ
　　C6. 背びれが長く、口ひげがある……コイ
　　C7. 背びれはあまり長くなく、口ひげがない……ギンブナ・ゲンゴロウブナ・オオキンブナ・キンギョ
A3. 円筒形の魚：底生魚で、砂や泥にもぐったり、石陰にひそんだりするものがほとんどであるが、中には浮いているものもある……ドジョウ類、カマツカやハゼ類（ヨシノボリ類など）
　B5. 背びれは1基。口ひげがある
　　C8. 尾びれは二またに分かれる。口ひげは1対……カマツカ
　　C9. 尾びれ先端は丸いか直線的口ひげは3対以上……ドジョウのなかま
　　　D6. 体は細長い。口ひげは5対……ドジョウ・カラドジョウ
　　　D7. 体はやや短い。口ひげは4対。うち1対が鼻の穴の付近から出る……ホトケドジョウ

Column

D8. 体は細長い。口ひげは3対。淡色の体側に黒い斑点が並ぶ……シマドジョウ・スジシマドジョウ小型種東海型

B6. 背びれは2基。口ひげはない……ハゼのなかま

C10. 尾びれのつけ根に円形または扇形の大きい黒色の斑紋がある。水中に浮いている……ウキゴリ類（スミウキゴリ・ウキゴリ）

C11. 尾びれつけ根の斑紋は上のようではない。川底にいる……ヨシノボリ類（シマヨシノボリ・トウヨシノボリ池沼型など）・カワヨシノボリ

（115ページからつづく）

頭部部位のなまえ

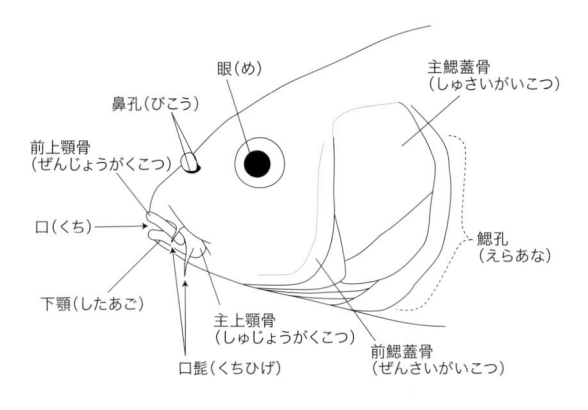

眼（め）／鼻孔（びこう）／前上顎骨（ぜんじょうがくこつ）／口（くち）／下顎（したあご）／主上顎骨（しゅじょうがくこつ）／口髭（くちひげ）／主鰓蓋骨（しゅさいがいこつ）／鰓孔（えらあな）／前鰓蓋骨（ぜんさいがいこつ）

コイの鰓（えら）（右側の1番目）

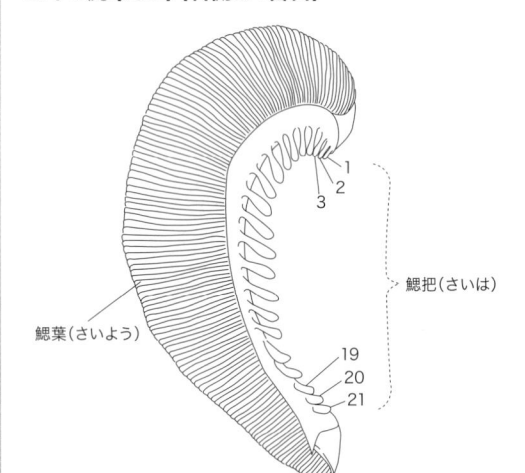

鰓葉（さいよう）／鰓把（さいは）／1 2 3 … 19 20 21

コイの咽頭骨（いんとうこつ）と咽頭歯（いんとうし）

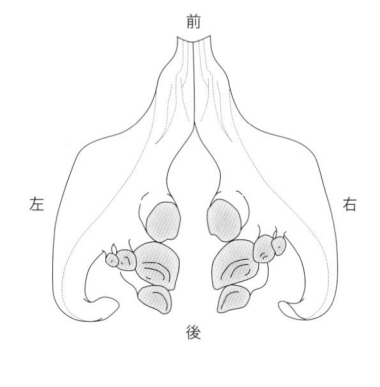

前／左／右／後

134

両生類

北野 忠

ニホンアマガエル
Hyla japonica
アマガエル科

ニホンアマガエルの成体　　　　　　　　　　（写真：鈴木）

葉上に止まるニホンアマガエルの幼体　（写真：北野）

のどを膨らませて鳴く　　　　　　　　　（写真：鈴木）

茶色の個体　　　　　　　　　（写真：鈴木）

黄色みの強い個体　　　　　　　（写真：北野）

　体長3～4㎝程度の小型のカエルである。体型は比較的太く、頭部は短い。背面に顕著な隆起やひだがなく、体色は黄緑色から灰色まで著しく変化する。田んぼに生息するカエルの中ではシュレーゲルアオガエルに似るが、本種は眼の前と後ろに黒い筋があることで見分けることができる。春から夏にかけて、少数の卵を田んぼや池などの水深の浅い止水域に何回にも分けて産む。指の吸盤が発達し移動能力が高いこと、乾燥に強いことから、コンクリート護岸化した場所や、乾田化した水田でもみられる。
　静岡県内では山地をのぞく広い範囲に分布し、カエル類の中でも個体数は多い。

ニホンアカガエル
Rana japonica

アカガエル科

(写真：北野)

　体長は4～7cm程度である。体色は褐色もしくは赤褐色であり、鼓膜は黒い。体の両脇にある背側線は明瞭で、鼓膜の後方でもほとんど折れ曲がらずに直線状である。冬から初春にかけて、球状の卵塊を産む。

　通常、平地や丘陵地の草地等に生息しており、水田や湿地、池などを繁殖の場として利用する。ほ場整備による水路の三面コンクリート化・乾田化による環境の変化や、開発もしくは放棄による水田の消失により、本種の産卵場が極めて減少している。その結果、静岡県では、かつては沼津市以西に広く分布していたと考えられるが、現在、県内各地で極めて減少傾向にあり、産地は限られる。

ヤマアカガエル
Rana ornativentris

アカガエル科

(写真：鈴木)

　体長は4～8cm程度である。体色は褐色もしくは赤褐色であり、鼓膜は黒い。体の両脇にある背側線は明瞭で、鼓膜の後方で折れ曲がることからニホンアカガエルと区別できる。繁殖期は冬から初春であり、球状の卵塊を産む。

　通常、平地から山地までの森林等に生息しており、水田や湿地、池などを繁殖の場として利用する。ニホンアカガエルと同所的に生息することもあるが、本種のほうがより山地に多い傾向がある。ほ場整備による水路の三面コンクリート化・乾田化による環境の変化や、開発もしくは放棄による水田の消失により、本種の産卵場は減少している。

トノサマガエル
Rana nigromaculata
アカガエル科

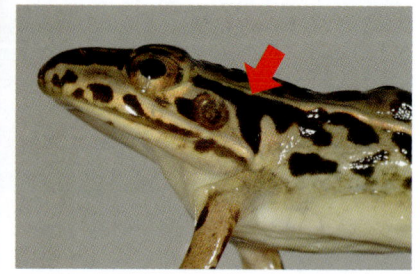

（写真：北野）　眼の後ろにある黒い線は太くＹ字型
（写真：北野）

　体長は４～９㎝程度である。雌雄で体色が異なり、オスは茶褐色から緑色まで様々であるが、メスは灰白色から暗灰色であり、背面に連続した黒い斑紋をもつ。繁殖期になるとオスは黄金色の婚姻色が現れる。
　繁殖期は春から夏であり、円形状の卵塊を産む。
　静岡県では山地を除くほぼ全域に分布し、平地から丘陵地の水田や池に生息する。かつては水田では普通のカエルであったが、農薬の大量の使用や、開発やほ場整備、水質の悪化等により生息地は減少傾向にある。

ナゴヤダルマガエル
Rana porosa brevipoda
アカガエル科

（写真：北野）　眼の後ろにある黒い線は極めて細く「へ」の字型
（写真：北野）

　体長は４～７㎝程度である。トノサマガエルに似るが、眼の後ろの黒い線が細いこと、背面の黒い斑紋は独立していること、後肢はより短いことなどの違いがある。繁殖期は春から夏であり、小さな卵塊を何度かに分けて産む。
　平地の水田や湿地、池などに生息し、トノサマガエルよりも水域への依存度が高い。ほ場整備による水路の三面コンクリート化・乾田化による環境の変化や、開発もしくは放棄による水田の消失により、本種の生息地は極めて減少している。その結果、静岡県では、かつては沼津市以西の平地に広く分布していたと考えられるが、現在の生息地は、西部の極めて限られた場所のみとなってしまった。

138

ツチガエル
Rana rugosa
アカガエル科

(写真：北野) 腹面には多数の黒い斑紋がある
(写真：北野)

　体長は4～6cm程度である。体色は茶褐色であり、背面には多数のイボ状突起がある。ヌマガエルに似るが、イボ状突起がより大きく、腹面には多数の黒い斑紋があることで区別できる。繁殖期は春から夏であり、小さな卵塊を何度かに分けて産む。

　静岡県では西部から東部まで広い範囲に分布し、平地から丘陵地の水田や湿地、流れが緩やかな沢等に生息している。
　個体によっては、幼生（オタマジャクシ）で越冬するものもいる。

ヌマガエル
Fejervarya limnocharis
アカガエル科

(写真：北野) 腹面は白色 (写真：北野)

　体長は3～5cm程度である。体色は灰褐色～淡褐色であり、背面には小さなイボ状突起がある。ツチガエルに似るが、イボ状突起が小さく、腹面は白色であることで区別できる。繁殖期は春から夏であり、小さな卵塊を何度かに分けて産む。

　静岡県には元々分布していなかったカエルであるが、現在は主に西部と中部に分布しており、平地から丘陵地の水田や湿地、河川中・下流域に生息している。

ウシガエル
Rana catesbeiana
アカガエル科

(写真：北野)

　大型のカエルで、体長は11～18㎝程度である。体型はずんぐり型であるが、後ろ肢は比較的長く、かなりの跳躍力がある。背面の色は、暗褐色～緑色である。牛のような鳴き声であることが和名の由来である。また、本種は食用としてアメリカから持ち込まれた外来生物であり、かつては養殖が奨励された。そのためショクヨウガエル、ショックーとも呼ばれる。

　繁殖期は春から夏であり、多いときには数万個ほどの卵を水面にシート状に広く産む。
　静岡県では西部から東部まで広い範囲に分布し、水田そのものにはあまり入らないが、水田地帯の貯水池や水路、河川などでよくみられる。
　本種は悪食で、水辺生態系を一変させてしまう恐れがあることから、県内からはもちろんのこと、国内からの駆除が望まれる。

アズマヒキガエル
Bufo japonicus formosus
ヒキガエル科

(写真：鈴木)

　日本在来のカエルとしては最大で、7～18㎝程度である。体型はずんぐり型で、四肢は短い。背面の色は、オスは黄褐色、メスは黒褐色である。
　繁殖期は初春から春であり、ヒモ状の卵塊を産む。
　普段は、森林、草地のほか、都市部の公園や民家の庭など様々な環境で生活しているが、繁殖期になると、湿地、池、水田等に集まり産卵する。静岡県では西部から東部まで広く分布するが、産卵場の消失や都市開発などにより、産地は減少傾向にある。
　なお、本種には眼の後ろに毒液を出す大きな耳腺があるため、むやみに触れないような注意が必要である。

シュレーゲルアオガエル
Rhacophorus schlegelii
アオガエル科

水田に現れたメス　　　　　　　　（写真：北野） 　　抱接個体（上がオスで、下がメス）
　　　　　　　　　　　　　　　　　　　　　　　　　　　　　　　　　（写真：北野）

　体長は4～6cm程度である。体色は黄緑色～暗褐色であり、目だった斑紋はない。体色が似ているためにニホンアマガエルに間違えられることもあるが、より大型で、眼の前と後ろに黒色の模様がない。繁殖期は春～初夏であり、岸際の泥中に泡状の卵塊を産む。

　静岡県では山地を除くほぼ全域に分布し、平地から丘陵地の水田や池に生息する。
　繁殖期には特徴的な声で鳴くために、生息を確認することは容易であるが、畔の土中や草陰にいることが多いために、探してもなかなか見つけられないことが多い。

アフリカツメガエル
Xenopus laevis
ピパ科

池で採集された小型の個体　　　　（写真：北野） 　　水路で採集された大型の個体
　　　　　　　　　　　　　　　　　　　　　　　　　　　　　　　　　（写真：北野）

　アフリカ中南部原産のカエルで、体長は10cm程度である。体型は偏平で、上から見ると逆卵型である。背面は暗灰色で不定形の褐色斑紋があり、腹面は白色である。人工繁殖が容易で生物学や医学用の実験動物として流通している。全生活史を水中で過ごし、上陸しない。水中の小動物を餌としており、前足でかきこむように食べる。

　静岡県では浜名湖から佐鳴湖にかけての水田地帯にある池や農業用水路および養鰻池周辺に生息しており、当地では野生下での繁殖も確認されている。本種はカエルツボカビ病の媒介者として知られ、また捕食や競争による在来生物への影響も考えられることから、生息状況を把握し、可能な限り駆除すべきである。

卵塊のいろいろ

ニホンアマガエル　（写真：藤吉）	ニホンアカガエル　（写真：北野）	ヤマアカガエル　（写真：北野）
トノサマガエル　（写真：北野）	ナゴヤダルマガエル　（写真：大仲）	ツチガエル　（写真：北野）
ウシガエル　（写真：栗山）	アズマヒキガエル　（写真：鈴木）	シュレーゲルアオガエル　（写真：北野）

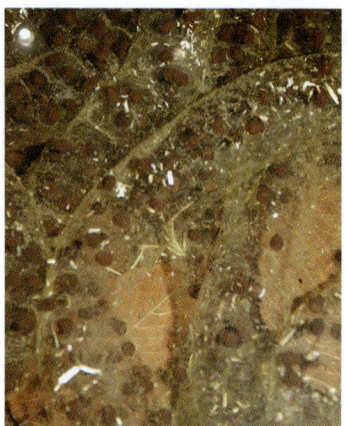

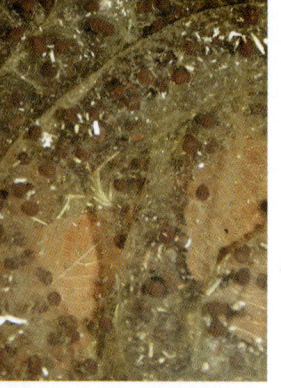

オタマジャクシのいろいろ

ニホンアマガエル （写真：北野）	 ニホンアカガエル （写真：栗山）	 ヤマアカガエル （写真：北野）
 トノサマガエル （写真：北野）	 ナゴヤダルマガエル （写真：大仲）	 ツチガエル （写真：北野）
 ヌマガエル （写真：北野）	 ウシガエル （写真：北野）	 アズマヒキガエル （写真：鈴木）

アカハライモリ
Cynops pyrrhogaster
イモリ科

アカハライモリの成体　　　　　　　　　（写真：北野）

卵は一つずつ産み付けられる（写真：北野）

オス（先端で急に細くなる）

繁殖期のオス（上下に広がる）

メス（徐々に細くなる）

腹面の色は個体によって異なる　　　　　（写真：北野）

尾の形で雌雄の判別ができる　　　　　　（写真：北野）

孵化直後の幼生　　　　　　　　　　　　（写真：北野）

2歳になった幼体　　　　　　　　　　　　（写真：北野）

　ニホンイモリとも呼ばれる。全長は70～130mm程度であり、体は細長い。背面は黒褐色であり、腹面は赤く、不規則な黒斑がある。この黒斑の程度は地域や個体によって異なる。

　繁殖期は4～7月で、水草などに1個ずつ産み付ける。幼生には外鰓（がいさい）があり、エラ呼吸によって水中生活するが、変態後は上陸し、成体になるまで林などの湿った場所で生活する。

　静岡県では、西部から東部まで広い範囲に分布する。成体は水田や池沼、湿地等でみられ、圃場整備や開発などにより減少傾向にあるものの、山間部では現在も普通にみられる。

爬虫類

北野 忠

ニホンマムシ
Gloydius blomhoffii
クサリヘビ科

林床に潜むマムシ　　　　　　　（写真：大仲） 　鋭い毒牙　　（写真：大仲）

　全長40〜65cm。背面の地色は褐色または赤褐色で、中心部と周縁部が暗色な楕円形の斑紋が並ぶ。頭は三角形で頸部がくびれており、体は太短い。毒蛇として知られ、毒の量は少ないが、毒性は強い。山地から平地の田畑などに広く生息し、水田周辺の湿った場所にもよく現れる。
　胎生で、8〜10月に5〜6頭の幼蛇を産む。ネズミやトカゲ、カエルなど、小型の脊椎動物を食べる。
　静岡県では、近年個体数は減少傾向にある。

アオダイショウ
Elaphe climacophora
ナミヘビ科

（写真：北野）

　全長110〜200cmで、日本本土では最大のヘビである。背面はオリーブ色、もしくは灰褐色で、4本の不鮮明な暗色縦縞がある。無毒のヘビである。森林から平野の田畑・人家周辺まで広く分布し、まれに水田周辺にも現れる。
　5〜6月に交尾し、7〜8月に4〜17個の卵を産む。主にネズミを食べるが、鳥やその卵、トカゲ、カエルなども捕食する。

シマヘビ
Elaphe quadrivigata
ナミヘビ科

通常の色彩の個体　　　　　　　　　　（写真：佐野）

カラスヘビと呼ばれる黒化型の個体
（写真：北野）

　全長80～150cm。地色は灰褐色～茶褐色で4本の黒い縦条があるが、個体によって変異が大きく、カラスヘビとも呼ばれる黒化型もまれにみられる。無毒のヘビである。平地から山地の田畑・草原、河川敷、人家周辺など様々な環境に生息し、水田周辺にもよく現れる。
　4～6月に交尾し、7～8月に4～16個の卵を産む。ネズミ、ヘビ、トカゲ、カエルなどを食べる。
　攻撃性が強く、近づくと体をS字状にしたポーズをとり、咬みついてくることがある。

ヤマカガシ
Rhabdophis tigrinus tigrinus
ナミヘビ科

（写真：栗山）　　　　　　　　　　　（写真：大仲）

　全長70～150cm。背面の地色は褐色で、黒色、橙色の斑紋がある。頸部の皮下には頸腺と呼ばれる数対の腺があり、物理的な刺激を与えると毒を出すので注意が必要である。また、上顎の奥には有毒な液を出すデュベルノイ腺がある。毒性が非常に強く過去には死亡例もあるので、むやみに触ったりしないほうがよい。平地から山地まで広く分布し、水田や小川、湿地など水辺に多い。
　6～8月に6～43個の卵を産む。主にカエルを食べるが、魚を食べることもある。

ヒバカリ
Amphiesma vibakari vibakari
ナミヘビ科

（写真：北野）

　全長40～60cmの小型のヘビである。茶色～茶褐色で首には黄色の斑紋がある。かつては毒蛇と考えられており、「咬まれたら、命はその日ばかり」ということが和名の由来とされているが、実際には無毒のヘビである。平地から山地までに広い範囲に分布し、水田や湿地、河川敷など水辺環境でみられることが多い。

　5～6月に交尾し、7～8月に2～10個の卵を産む。カエル、小魚、ミミズなどを食べる。

ヌマガエルを捕食するヒバカリ　　　　（写真：4枚とも栗山）

148

ニホンカナヘビ
Takydromus tachydromoides
カナヘビ科

ニホンカナヘビの成体　　　　　　　　　　　（写真：北野）

ニホントカゲの成体　　（写真：大仲）　　ニホントカゲの幼体　　（写真：北野）

　全長16〜27cm。背面は黄褐色〜褐色で、光沢がない。腹面は黄色みのある白色である。尾は長く、全長の2／3を占める。低地や丘陵地の草地、庭先などに生息し、水田の畦でもよくみられる。繁殖期は3〜9月であり、2〜6個の卵を産む。主にクモや昆虫を食べる。

　このほか、富士川より西部にはニホントカゲ *Plestiodon japonicus* が、富士川より東部にはオカダトカゲ *P. latiscutatus* が分布している。これらはニホンカナヘビよりもやや太く、体に光沢があり、幼体の尾が青いなどの特徴がある。

ニホンイシガメ
Mauremys japonica
イシガメ科

ニホンイシガメの成体　　　　　　　　　　　（写真：大仲）

ニホンイシガメの幼体　　　　（写真：北野）

　日本固有のカメで、甲長はオスで13cm、メスで20cm程度である。背甲は黄土色〜褐色で、やや扁平しており、キール（線状の隆起）が1本あるほか、後縁がギザギザしている。腹甲は黒色である。
　丘陵地の池沼、水田、河川に生息している。雑食性で、甲殻類や昆虫のほか、水草なども食べる。

　近年は、ゼニガメと言えばクサガメの幼体を指すことが多いが、本来はイシガメの幼体のことである。これは本種の幼体の甲羅が丸く、黄土色をしていることから、ゼニ（銭）に似ているためである。
　県内では、特に西部地方に多いが、三面コンクリート護岸化や水質悪化等により、産地および個体数は減少傾向にある。

クサガメ
Chinemys reevesii
イシガメ科

クサガメの成体　　　　　　　　　　（写真：北野）

クサガメの幼体　　　　（写真：北野）

　甲長はオスで18cm、メスで25cm程度である。背甲は茶褐色で、キールが3本ある。頭部には黄色の斑紋があるが、老齢なオスではこの斑紋は消失し、全身が黒くなる。
　主に平地の池沼、水田、河川に生息している。雑食性で、甲殻類や昆虫のほか、水草なども食べる。
　野生個体を手にすると、体から独特のにおいを出し、これが「臭亀」の和名の由来となっているが、飼育下ではほとんど出さなくなる。
　静岡県では西部から中部にかけて記録があるが、中国産と思われる個体が大量に販売されており、それらが捨てられたり逃げたりしたものが野外で定着している可能性もあり、本来の自然分布については不明な点が多い。

ミシシッピアカミミガメ
Trachemys scripta elegans
ヌマガメ科

ミシシッピアカミミガメの成体　（写真：北野）

通称ミドリガメと呼ばれる幼体　（写真：北野）

　甲長はオスで20cm、メスで28cm程度である。幼体から成体まで眼の後部に赤色斑があり、和名の由来となっている。

　幼体は、背甲が緑色で綺麗なことから「ミドリガメ」の通称があり、1950年代後半から大量に輸入されてきた。しかし、本種は成長するとともに黄褐色～黒褐色と色彩が地味になること、かなり大きくなること、気性が荒いことなどから、捨てられたり逃げだしたりしたものが野生化している。

　主に平地の池沼、河川に生息し、水田周辺の水路でもみられることがある。雑食性で、甲殻類や昆虫のほか、水草なども食べる。

　静岡県でも、野生化した個体が各地で確認され、地域によっては繁殖している。本種は、他のカメ類を駆逐したり、捕食により生物群集に影響を与えると考えられるため、飼育している個体を野外に放さないようにするとともに、野生化した個体を可能な限り駆除すべきである。

ニホンスッポン
Pelodiscus sinensis
スッポン科

ニホンスッポンの成体　（写真：大仲）

ニホンスッポンの幼体　（写真：北野）

　雌雄ともに甲長は20～35cm程度。背甲は丸く、薄い褐色～灰色で、柔らかい皮膚に覆われる。腹甲は桃色がかった白色である。

　河川中・下流域や池沼に生息している。肉食性で、魚や甲殻類、昆虫などを食べる。

　県内では、西部～中部で記録があるが、浜名湖周辺では古くからスッポン養殖が行われており、本来の自然分布については不明な点が多い。

Column

カエルは何を食べている？

クモやカマキリは、田んぼの害虫を食べる天敵として、農業の役に立つ生き物であることが知られている。

カエルは田んぼに見られる代表的な生き物である。それでは、田んぼにたくさんいるカエルはいったい何を餌としているのだろうか。はたして、害虫を食べる天敵としての役割を担っているのだろうか。

そこで、静岡県農林技術研究所では、カエルの研究者である吉田大祐氏と静岡大学農学部生態学研究室の協力を得て、田んぼのカエルが何を食べているのか、餌の調査を実施した。

それにしても、カエルが餌として食べるものを、どのようにして調査すればよいのだろうか。

動くものは、何でも食べてしまうカエルは、異物を飲み込んでしまったときに、胃を口から吐き出して、異物を出すという胃洗浄を行う。カエルのこの性質を利用して、口の奥を串の先端で刺激することによって、カエルの胃を人為的に出させて、胃の中の内容物を調べるのである。この方法は「強制嘔吐法」と呼ばれている。

それでは、カエルはどんな虫を餌として食べていたのだろうか。カエルの種類や、棲んでいる場所によって異なるが、調査の結果、カエルはいくつかの害虫を捕食し、天敵としての働きを有していた。ところが、その一方で、カエルは害虫を食べる天敵として重要なクモなどの益虫も食べていたのである。

考えてみれば、害をなす害虫や役に立つ益虫というのは、人間の一方的な都合による分類である。当たり前の話であるが、カエルにとっては、害虫も益虫も、どちらもただの餌でしかなかったのである。

一方、調査の結果、カエルはユスリカなどの害虫でも天敵でもない虫も餌として大量に食べていることが明らかとなった。田んぼにいる虫は、すべてが害虫や益虫に分離できるわけではない。実際には、多くの虫が害虫でも益虫でもない「ただの虫」と呼ばれるものなのである。

このことから、イネの栽培には、害も益もないとされる「ただの虫」であるが、生態系の食物連鎖の中ではカエルの餌として重要な役割を果たしていることがわかったのである。

ただの虫にも、ただならぬ働きがある。生態系というのは、本当に複雑なものである。

（稲垣 栄洋）

（写真：狩野）

鳥類

伴野 正志

ゴイサギ
Nycticorax nycticorax
サギ科

(写真：伴野)

　全長57cm。全体に灰色で頭部と背面は黒く冠羽がある。幼鳥は全体に褐色で白い斑点があり「ホシゴイ」といわれる。夜行性で「クワックワッ」とカラスのような声で鳴く。松林などで集団で営巣する。
　静岡県では全域の水辺に年中生息しているが、近年減少傾向にある。また、冬期には暖地に渡る個体もある。営巣地は県内各地に見られる。
　ゴイサギにとって「田んぼ」は、採餌、休息の場である。カエル類、ザリガニ、魚を主な餌としている。

アマサギ
Bubulcus ibis
サギ科

(写真：飯塚)

　全長50cm。夏羽では頭部から胸、背が亜麻色になり、翼は白い。冬羽はほとんど白くなる。夏鳥として渡来するが一部越冬する。松林などに集団で営巣する。
　静岡県では平野部の全域に生息するが伊豆地方では少ない。春秋の渡りの時期には多く見られる。県内では営巣地は少ない。
　アマサギにとって「田んぼ」は、採餌の場である。湿地から乾いた環境まで利用しカエル類、バッタ類などを餌とする。時にはネズミ類も捕食する。

ダイサギ
Egretta alba
サギ科

（写真：伴野）

　全長90cm。全体に白く、シラサギ類の中では一番大きい。夏羽では嘴が黒く、飾り羽が胸と背にある。冬羽は飾り羽はなく、嘴は黄色い。魚類を主な餌とし常に水辺に生息している。単独か数羽でいるが餌場ではなわばりを持つ。

　静岡県では、留鳥として河川、池沼に生息する。他のサギ類とともにコロニーを形成し繁殖している。近年増加傾向にあるが山間部、伊豆地方では少ない。

　ダイサギにとって「田んぼ」は餌場の一部であり、主な生息環境ではない。チュウサギ、アマサギに比べて水辺への執着が強い。

チュウサギ
Egretta intermedia
サギ科

（写真：飯塚）

　全長68cm。夏鳥として4月から10月に見られる。全体に白く、嘴は黒く根元は黄色い。コサギより嘴は短い。夏羽では背に飾り羽がある。アマサギと同じような環境を好みカエル類、バッタ類などを餌とする。チュウサギはシラサギの代表的な種であったが全国的に減少傾向にあり、環境省では準絶滅危惧種に指定されている。

　静岡県では平野部の全域に生息するが伊豆地方では少ない。全国的には減少しているが県内では比較的普通に観察できるが、営巣地は見つかっていない。一部越冬する。

　チュウサギにとって「田んぼ」は採餌の場である。アマサギとほぼ同様な習性である。

コサギ
Egretta garzetta
サギ科

(写真：飯塚)

　全長61cm。全体に白く、嘴と足は黒、足指は黄色い。夏羽では冠羽、飾り羽がある。最も普通のシラサギ類である。他のサギ類同様に松林などでコロニーを形成し繁殖する。
　静岡県では全域に生息する。河川、池沼、水田を主な餌場としている。魚類やカエルなどの水生動物を餌とする。近年、ダイサギ、アオサギの増加に伴い減少傾向にある。
　コサギにとって「田んぼ」は餌場の一部である。水辺では足を震わせて獲物を追い出し捕食する。

アオサギ
Ardea cinerea
サギ科

(写真：小池)

　全長93cm。日本産サギ類中、最も大きい。全体に灰色で翼は黒色とのコントラストがはっきりする。夏羽では冠羽、飾り羽があり、嘴はピンク色となる。飛翔中「キャッ」と甲高い声でよく鳴く。薄暮性で朝夕に活発に活動する。
　静岡県では留鳥として全域に生息する。松林などにコロニーを形成し繁殖する。近年増加傾向にある。サギ類中、最も広く分布している。
　アオサギにとって「田んぼ」は河川、池沼とともに主な生息環境である。魚類、カエル類、バッタなど餌は幅広く、ネズミ類や水鳥のヒナも捕食する。

カルガモ
Anas poecilorhyncha
カモ科

(写真：飯塚)

　全長60cm。全体に褐色で、顔に2本の黒線がある。嘴は黒く先端が黄色い。周年生息し繁殖している。夏場に見られるカモはほとんどがカルガモである。
　静岡県では平野部のほぼ全域に生息している。河川、池沼、水田を主な生息地とし小群で生活する。繁殖期にはヒナ連れが各地で見られる。
　カルガモにとって「田んぼ」は主要な生息環境の一つである。採餌、休息の場であり、畔などで営巣する。

トビ
Milvus migrans
タカ科

(写真：飯塚)

　全長雄58cm、雌68cm。全体に褐色で三味線のバチのような凹尾が特徴のタカの仲間で、海岸から山間部まで幅広く分布し繁殖している。動物の死体や魚類などを餌とし、カラス、カモメとともに自然界の掃除屋といわれている。「ピーヒョロロ」と特徴のある声で鳴く。
　静岡県ではほぼ全域に生息する。特に海岸、農耕地に多い。カラスに追われる姿をよく見かける。
　トビにとって「田んぼ」は採餌の一部である。大雨の後に水田に入り込んだ魚を捕食することがある。

キジ
Phasianus colchicus
キジ科

（写真：飯塚）

　全長雄80cm、雌60cm。雄は尾が長く、頭部は赤い。胸から腹部は緑色で全体に美しい鳥である。雌は全体に褐色で目立たない。繁殖期に雄は「ケッーン、ケッーン」と盛んに鳴く。周年生息し繁殖している。日本の国鳥であるとともに狩猟鳥でもある。

　静岡県ではほぼ全域に生息し、低山地、農耕地に多く見られる。
　キジにとって「田んぼ」は畑地とともに主な餌場である。植物の種子、昆虫やカナヘビなどの小動物を捕食する。

ヒクイナ
Porzana fusca
クイナ科

（写真：飯塚）

　全長22cm。頭部と胸、腹部が赤褐色で、喉は白い。背は暗褐色で足は赤く目立つ。全国に夏鳥として渡来し繁殖している。平地の水田、休耕田、葦原などが入り混じった湿地環境を好んで生息する。「キョッ・キョッ・キョッ」と独特な声で連続的に鳴き、徐々にテンポが早くなる。
　静岡県では伊豆地方を除く地域に夏鳥として繁殖している。少数は越冬する。湿地の減少により近年減少しており、県では「絶滅危惧1B類」に指定されている。
　尚、静岡市の麻機遊水地では周年生息する個体が増加している。
　ヒクイナにとって「田んぼ」は主要な環境で、採餌、営巣を行う。昆虫類やカエルなどの小動物や植物の種子などを餌とする。

バン
Gallinula chloropus
クイナ科

（写真：飯塚）

　全長32cm。全体に黒いが、背は褐色味が強い。嘴は赤く先端は黄色い。足は長く水辺での生活に適している。全国的に生息し繁殖している。関東以南では周年生息する。「クルル」と独特な声で鳴く。
　静岡県では留鳥として平野部の湿地に生息し繁殖している。伊豆地方では少ない。
　バンにとって「田んぼ」は繁殖、営巣をする重要な環境で、田んぼの番をする鳥とも言われる。昆虫類や植物の種子などを餌とする。

タマシギ
Rostratula benghalensis
タマシギ科

（写真：飯塚）

　全長24cm。メスはオスより美しく、巣作り・抱卵・育すうを雄が行う。一妻多夫の繁殖習性を持つ珍しい鳥である。メスは子育ての手伝いはせず、産卵後は別なオスを探して移動する。
　雌雄ともに目のまわりが白く、胸部の白線が目立つ。背は褐色で黄色の線がある。メスは頬から胸が赤褐色でくちばしは長い。夕刻からメスは「コォー、コォー」または「ホーン、ホーン」と独特な声で鳴く。繁殖期のメスは翼を羽ばたかせオスに盛んにディスプレイの求愛ダンスをする。東北南部以南の水田、蓮田、休耕田などに留鳥または夏鳥として生息し繁殖し、ミミズなどの小動物を餌とする。冬は小群で生活する。
　静岡県では伊豆半島を除く平野部の湿地に生息する。静岡県レッドデータブックでは「絶滅危惧Ⅱ類」に指定されている。
　タマシギにとって「田んぼ」は、採餌、営巣、越冬など生活のすべての場所である。草丈が低い湿地を好み営巣をする。田植えをして間もない水田でも採餌、営巣をする。また、稲の刈り取り後の田んぼもよく利用する。繁殖期間は長く5〜10月ころまで営巣する。
　近年、湿地の減少、休耕田の荒廃、水路のＵ字溝化などにより生息地を追われている。休耕田を放置せず、耕起や水を入れるなどの措置が湿地の鳥たちの保護につながる。

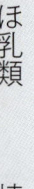

ケリ
Microsarcops cinereus
チドリ科

(写真：小泉)

　全長35cm。大型のチドリで頭部から胸は灰色、背は茶褐色。飛翔時には翼の黒と白が目立つ。「キリッ、キリッ」と盛んに鳴く。繁殖期には、人、犬、トビ、カラスなどが近づくと激しく鳴き追い立てる。冬は小群で生活する。

　静岡県では中部、西部に多く、東部は少ない。平野部の田んぼ、埋立地などに営巣する。砂利が敷き詰められた屋上でも営巣例がある。
　ケリにとって「田んぼ」は営巣地、採餌場、子育てなど生活のすべての場所である。

タゲリ
Vanellus vanellus
チドリ科

(写真：飯塚)

　全長31cm。冬鳥として全国に渡来する。大型のチドリで冠羽が目立つ。背は光沢のある緑色で、胸には太い黒帯があり、腹部は白い。「ミュー、ミュー」と特徴のある声で鳴く。昆虫などの小動物や草の実を餌とする。
　静岡県では伊豆を除く、平野部の農耕地、河川などに小群で生息する。近年減少傾向にあり、静岡県では「準絶滅危惧種」に指定されている。
　タゲリにとって「田んぼ」は採餌の場所である。

コチドリ
Charadrius dubius
チドリ科

(写真：伴野)

　全長16cm。夏鳥として全国に渡来し繁殖している。全体に淡褐色で胸から腹部は白い。目のまわりの黄色いリングが目立つ。胸に黒い帯があり、足は黄色い。「ピォピォ」と鳴きながら飛び回る。

　静岡県では平野部の河川、埋立地、湿地などに生息する。伊豆地方では少ない。小石がある砂礫地などに窪みをつくり巣とする。最近では営巣に適した環境が少なく、砂利を敷き詰めた屋上などでの営巣が報告されている。

　コチドリにとって「田んぼ」は採餌の場である。バッタなどの小昆虫や蛾などの幼虫を餌とする。

タシギ
Gallinago gallinago
シギ科

(写真：伴野)

　全長27cm。冬鳥として湿地に渡来する嘴が長いシギである。全体に淡褐色で複雑な模様があり、尾は短い。足元から「ジェッ」と突然飛び立つことがある。長い嘴を使って土中のミミズなどの小動物を餌とする。

　静岡県では平野部の湿地に幅広く生息するが、伊豆地方は少ない。農耕地、河川、池沼などに多く渡来、干潟や海岸部には少ない。

　タシギにとって「田んぼ」は採餌の場である。

キジバト
Streptopelia orientalis
ハト科

（写真：伴野）

　全長33cm。キジに似た模様のあるハト。以前は「ヤマバト」とも云われていたが、現在では街中にも生息し繁殖している。年間を通じて観察できる。
　静岡県では海岸部から山地まで普通に生息している。街路樹などに巣を作る。繁殖期間は長く、初冬の頃でも抱卵中の個体も見られる。
　キジバトにとって「田んぼ」は畑地とともに重要な採餌の場で、植物の種子や実が主な餌。

ヒバリ
Alauda arvensis
ヒバリ科

（写真：飯塚）

　全長17cm。全体に黄褐色で地味な鳥。頬は赤褐色で冠羽があり、農耕地や河川敷などに生息し繁殖している。周年生息するが、一部は冬、暖地に移動する。
　繁殖期には複雑な囀りをする。鳴きながら空高く舞い上がる。また、地上でも盛んに囀る。
　静岡県では平野部から草原に周年生息する。特に海岸部の草地に多く、農耕地でも春から初夏の繁殖期に見られる。ただ、全体的には減少傾向にある。
　ヒバリにとって「田んぼ」は営巣、採餌の場であり重要な環境である。田植え前のレンゲなどが咲く時期に利用される。

ツバメ

Hirundo rustica

ツバメ科

（写真：小池）

　全長17cm。夏鳥の代名詞とも云える鳥で、春3月から秋10月まで普通に見られる。巣は人家などの建造物につくられる。海岸から山地まで幅広く見られるが、河川を中心とした環境に多く生息する。

　静岡県では高山を除くほぼ全域で見られ繁殖している。トンボ類やアブ、ハエなどの小昆虫を餌とする。

　ツバメにとって「田んぼ」は採餌の場である。また、葦原などの群生地は夏から秋に塒（ねぐら）として利用される。

モズ

Lanius bucephalus

モズ科

（写真：飯塚）

　全長20cm。「キィー、キチキチキチ」「キュン、キュン」などと鳴き声でわかる鳥。棒杭などにとまり長い尾を回すように振る。ほぼ周年生息し繁殖している。鋭い嘴でスズメなどの小鳥類や、カエル、カナヘビなどの小動物を餌とする。「モズのはやにえ」といって、捕らえた獲物を刺や有刺鉄線などに刺すモズ類特有な行動をする。また、他の鳥の鳴き声を上手に真似て鳴く。

　静岡県では高山を除くほぼ全域に生息する。秋から冬には里山、農耕地に多く見られる。

　モズにとって「田んぼ」は採餌の場である。

ハクセキレイ
Motacilla alba

セキレイ科

(写真：飯塚)

　全長21cm。留鳥または漂鳥として全国に分布し繁殖している。頭から背、胸が黒く、顔は白く黒い過眼線がある。鳴き声は「チュチュン、チュチュン」。河川、湿地、農耕地に生息する。

　静岡県では海岸から平野部に生息する。以前は、冬鳥または漂鳥とされていたが繁殖する個体が増え、現在では周年見られる地域が多い。

　ハクセキレイにとって「田んぼ」は採餌の場である。トンボやチョウなどの小昆虫を餌としている。

セグロセキレイ
Motacilla grandis

セキレイ科

(写真：小池)

　全長21cm。留鳥として全国に分布し繁殖している。全体に黒く、白い過眼線がある。腹部は白い。「ジィージィー」または「ジュッジュッ」と濁った声で鳴く。河川、農耕地、市街地の公園など広く生息する。韓国、ロシアの一部に生息するが殆どが日本に生息する。

　静岡県では河川、農耕地などに生息する。建物やトラックなどの荷台の隙間などに営巣することが多い。

　セグロセキレイにとって「田んぼ」は採餌の場である。トンボやチョウなどの小昆虫を餌としている。

タヒバリ
Anthus spinoletta
セキレイ科

(写真：飯塚)

　全長16cm。セキレイの仲間で秋から春に見られる冬鳥である。全体に淡褐色で胸に縦斑がある。海岸部から農耕地に普通に生息する。

　静岡県では平野部に生息する。河川、農耕地に多くケラなどの小昆虫を餌とする。
　タヒバリにとって「田んぼ」は採餌の場である。

ツグミ
Turdus naumanni
ツグミ科

(写真：小泉)

　全長24cm。冬鳥として全国に渡来する。全体に黒褐色で胸から腹部は白く黒斑がある。個体により羽色が異なる。「クィクィ」または「クワックワッ」と鳴く。山地から農耕地、市街地の公園など広く分布する。
　静岡県でも冬鳥として11月に渡来し5月上旬まで見られる。農耕地に多く生息するが、近年減少傾向にある。
　ツグミにとって「田んぼ」は餌場の一部である。木の実、草の種子やクモ、ケラなどの小昆虫を餌とする。

セッカ
Cisticola juncidis
ウグイス科

（写真：伴野）

　全長12.5cm。スズメより小さいウグイスの仲間である。全体に黒褐色で、背と尾羽の縞模様が目立つ。「ヒッヒッヒッ」と鳴きながら飛び立ち「ジャッジャッ」と下降する独特なさえずりをする。一夫多妻の繁殖習性で水田周辺の湿地や草地、川原などに営巣する。周年生息するが冬は少ない。
　セッカにとって「田んぼ」は採餌の場であり、営巣場所の一部でもある。小昆虫やクモなどを餌とする。

ホオジロ
Emberiza cioides
ホオジロ科

（写真：飯塚）

　全長16cm。留鳥として全国に分布し繁殖している。全体に茶色で、顔は黒と白が目立つ。鳴き声は「源平つつじ、白つつじ」や「一筆啓上仕り候」と聞きなされている。
　静岡県では海岸部から高山まで幅広く生息している。秋から冬には平野部の河川、里山、茶畑、農耕地などに多く見られる。
　ホオジロにとって「田んぼ」は採餌の場である。餌は植物の種子や実、小昆虫などである。

カシラダカ
Emberiza rustica
ホオジロ科

(写真：飯塚)

　全長15cm。冬鳥として全国に渡来する。河原、農耕地、里山、低山地に群れで越冬する。全体に茶色で冠羽があり、名前の由来となっている。鳴き声は「チッ」と一声である。

　静岡県では高山を除く山地から平野部に生息している。里山、農耕地に多く見られる。
　カシラダカにとって「田んぼ」は採餌の場である。

カワラヒワ
Carduelis sinica
アトリ科

(写真：伴野)

　全長14cm。留鳥として全国に分布し繁殖している。全体にオリーブ色で黄色の斑紋が目立つ。鳴き声は「キリキリコロコロ、ジューイ」などと軽やかに囀る。ヒマワリの種や植物の実を主な餌としている。

　静岡県では高山を除く山地から平野部に生息している。河原、農耕地に多く冬には餌台に来る。
　カワラヒワにとって「田んぼ」は採餌の場である。

スズメ
Passer montanus
ハタオリドリ科

（写真：飯塚）

　全長14cm。留鳥として全国に生息し繁殖している。平野部から山地まで人家、水田のある環境に多く見られる。建物の隙間などに巣を作る。全体に茶褐色で頬の黒斑が目立つ。鳴き声はいろいろな声を出すが「チュン、チュン」が一般的に知られている。

　静岡県では高山を除く山地から海岸部に普通に生息している。特に農耕地に多く稲を食害することで農家には嫌われている。ただ、繁殖期には多くの小昆虫を餌としている。
　スズメにとって「田んぼ」は採餌の場であり、葦原などは塒として利用している。

ムクドリ
Sturnus cineraceus
ムクドリ科

（写真：小泉）

　全長24cm。留鳥として全国に分布し繁殖している。全体に黒褐色で嘴と足のオレンジ色が目立つ。群れで行動し「キュル、キュル」とにぎやかに鳴く。秋から冬には大群となり市街地の街路樹や公園の樹木を塒とする。
　静岡県では海岸部から低山地に生息する。

　河原や農耕地に多く見られ、木の実などを主な餌としている。
　ムクドリにとって「田んぼ」は採餌の場である。また、水浴びの場としても利用している。

168

ハシボソガラス
Corvus corone
カラス科

(写真：小泉)

　全長50cm。留鳥として全国に分布し繁殖している。全体に光沢のある黒色で角度によっては紫色や濃緑色にも見える。「ガァー、ガァー」と濁った声でおじぎをするような姿勢で鳴く。
　静岡県では高山を除く山地から海岸部まで幅広く生息している。特に農耕地で多く見られる。
　ハシボソガラスにとって「田んぼ」は採餌の場である。雑食性で何でも食べ、自然界の「掃除屋さん」と呼ばれる。

ハシブトガラス
Corvus macrorhynchos
カラス科

(写真：飯塚)

　全長56cm。留鳥として全国に分布し繁殖している。全体に紫光沢のある黒色で嘴が太く、おでこが出っ張っている。「カァー、カァー」と澄んだ声で鳴く。都会で生活するカラスはハシブトガラスが多く、ゴミを荒らし、社会問題になっている。
　静岡県ではほぼ全域に生息し、特に街中や海岸部に多く見られる。
　ハシブトガラスにとって「田んぼ」は採餌の場である。ハシボソガラス同様、雑食性で自然界の「掃除屋さん」である。

田んぼで見られるカモの仲間

雨天時にはカルガモ以外のカモ類も田んぼによく入ります。落穂などを採餌します。また、狩猟圧のため、昼間は安全な池沼などで休息し、夜間に田んぼに入り採餌します。

カルガモ （写真：小泉）
Anas poecilorhyncha

全長60cm。本文参照（p157）。

ヒドリガモ （写真：伴野）
Anas penelope

全長48cm。雨天時に田んぼに入る。夜にも見られる。

マガモ （写真：伴野）
Anas platyrhynchos

全長59cm。雨天時に田んぼに入るが少ない。

オナガガモ （写真：伴野）
Anas acuta

全長♂75cm、♀53cm。稀に田んぼに入る。

コガモ （写真：小池）
Anas crecca

全長38cm。雨天時及び夜間に入る。カルガモに次いで多い。

ハシビロガモ （写真：伴野）
Anas clypeata

全長50cm。雨天時に田んぼに入るが少ない。

ほ乳類

伴野 正志・北野 忠

カヤネズミ
Micromys minutus
ネズミ科

カヤネズミの成獣　　　　　　　　　　（写真：伴野） 　　巣内の幼獣　　　　　カヤネズミの巣
　　　　　　　　　　　　　　　　　　　　　　　　　　　（写真：三宅）　　　（写真：三宅）

　日本のネズミ中最小で、頭胴長は60～80mm。尾は頭胴長よりも長い。毛色は背面が淡褐色で、腹面は白色である。
　草地、水田、沼地などのイネ科植物が繁茂するに生息する。地上にはあまり下りず、草から草へと渡り歩いて生活する。カヤやススキなどの葉などを用いて直径10cmほどの鳥の巣のような球形の巣を作り、その中で子育てをする。
　静岡県では、西部から東部まで広い範囲に分布するが、確認例は少ない。また、開発等による湿地環境の消失により、本種の生息地は減少傾向にある。

コウベモグラ
Mogera wogura
モグラ科

（写真：三宅）

　大型のモグラで、頭胴長は125～185mm。尾は短く14～27mm程度である。毛はビロード状、赤褐色である。
　国内では西日本に分布し、静岡県は東限にあたる。県内では西部から東部までの広い範囲に分布する。
　平地や山地の草地、畑、水田など土壌の軟い場所に生息し、地中生活をする。深いところでは2mに達し、長さも10mを超える。ミミズや、地中にすむ昆虫類などを食べる。繁殖期は春で2～6頭の子を産む。
　本来、水田は本種をはじめとするモグラ類にとって良好な生息場所であった。しかし、水田そのものの消失に加え、圃場整備によってモグラ類が生息できない場所が増えている。

イノシシ
Sus scrofa
イノシシ科

(写真：関岡)

　頭胴長は110〜160cm。山地、里山、農耕地、平野部に広く生息する。雑食性で植物の根茎や果実など、動物ではミミズ、カエル、ヘビなどを食べる。狩猟獣であり農作物を荒らす害獣として近年各地で問題となっている。
　静岡県では全域に生息し伊豆地方に多い。近年、平野部にも進出し海岸の松林や街中でも観察されることがある。水田では足跡や採食跡が残されている。

タヌキ
Nyctereutes procyonoides
イヌ科

(写真：関岡)

　頭胴長は50〜60cm、尾長15cm。山地から平野部まで幅広く分布している。夜行性のため日中観察されることは少ないが、街中の都市公園、神社や丘陵地では餌付けされている個体もいる。また、交通事故による死体を見ることが多くある。
　雑食性でノネズミ類、昆虫類、ミミズなどや果実などを食べる。小群で行動し特定の場所に排泄する「タメ糞」を行う。
　静岡県では海岸から山地まで生息する。水田・農耕地にも少なからず現れ、小動物や土壌生物などを採食している。

イタチ
Mustela itatsi
イタチ科

(写真：和田)

　頭胴長は雄27〜37cm、雌16〜25cm。尾長は雄12〜16cm、雌7〜9cm。海岸から山地まで広く分布している。水辺で見られることが多く、水田や河川でカエル類、ノネズミ類、鳥類などや、魚やザリガニなども捕食する。

　静岡県では全域に生息する。西部・伊豆に比較的多く、中部・東部は少ない。
　尚、愛知県まで進出しているチョウセンイタチ *Mustela sibirica* は静岡県では記録されていない。

アブラコウモリ
Pipistrellus abramus
ヒナコウモリ科

(写真：伴野)　　　　　　　(写真：小泉)

　前腕長30〜37mm、頭胴長41〜60mm、尾長29〜45mm。人家周辺や街中で見られるコウモリの多くは本種である。昼間は建物の隙間に潜んでいる。日没後から活動し蛾やユスリカなどの飛翔性昆虫を主な餌とする。稀に日中にも観察されることがある。

　水田周辺でも餌を求めて現れる。田植え前頃から多く見られる。
　コウモリ類の観察・調査には「バットディテクター」というコウモリが出す超音波を聞くことができる機械があると便利である。

植物

栗山 由佳子

シダやコケの仲間

種子ではなく胞子で増える。どれも農薬に弱く減少傾向にある。

ハス田に生えたもの
（写真：栗山）

秋、稲刈後の水田に生えたもの
（写真：栗山）

ミズワラビ

Ceratopteris thalictroides

ホウライシダ科

高さ5〜50cm

1年生の水生シダ植物。形の変化が大きく小さなもので数cm、大きくなると50cmをこえる。葉は幅が広くやわらかい栄養葉と細くかたい胞子葉がある。休耕田、蓮田などでは大きく生長するものが多いが、稲刈り後の水田に生えるものは小さい。胞子は大型で水に沈みやすく、寿命も長い。胞子葉の内側をのぞいて球状の胞子が入った袋（胞子嚢）を観察してみよう。

ミズワラビは水辺に生えるワラビ（蕨）の意味。葉のやわらかい部分は食べられる。東南アジアでは野菜として売られているところもあるという。

谷戸田に生育する
（写真：栗山）

秋、根元にたくさんの胞子をつける
（写真：栗山）

ミズニラ

Isoetes japonica

ミズニラ科

高さ10〜20cm

水生シダ植物。葉は円柱形で細長く、やわらかい。葉のねもとは平たく、秋に胞子をつける。山すその栄養分の少ない水田や休耕田、ため池などにひっそりと生育する1年草（時に多年草）。水辺に生え、ニラに葉の形が似ていることからミズニラ（水韮）。野菜として食べた記録は見当たらないが、食べられる。

全国的に減少しているが、静岡県でも絶滅危惧Ⅱ類に指定されている。

アカウキクサ

Azolla imbricata

アカウキクサ科

　大きさ1～1.5cm

　ため池や水田の水面に浮かんでただよう（浮遊）シダ植物。葉は全体的に三角形で水をはじく粒状の突起が表面にたくさんついている。根には細かい根毛が密生する。以前は湧水があるような湿田に普通に生育していたが、今ではめったに見ることができない。夏には緑白色だが、冬には赤く紅葉する。環境省、県ともに絶滅危惧Ⅱ類に指定されている。最近は「アゾラ農法」の導入にともなって、外来種のアゾラ（アカウキクサ属）が各地で大発生し、問題になっている。

（写真：栗山）

冬、紅葉する　　（写真：栗山）

サンショウモ

Salvinia natans

サンショウモ科

　大きさ3～10cm

　名前にモ（藻）とつくが、サンショウ（山椒）の葉に似た姿の水生シダで、水田、ため池などの水面に浮かんでただよう1年草。3枚の葉が茎に輪生し、そのうちの2枚が水面に浮かぶ。根のように見えるのは細かく分かれた水中葉で、根はない。秋、水中葉の間に大胞子嚢と小胞子嚢（胞子の入った袋）をつける。県では絶滅危惧Ⅱ類に指定されている。

（写真：栗山）

水中葉の間に胞子のうが見える

葉の裏　　（写真：栗山）

イチョウウキゴケ

Ricciocarpus natans

ウキゴケ科

　大きさ1～1.5cm

　水に浮いてただよう唯一のコケ。イチョウの葉そっくりの形をした葉状体（葉と茎が変化したもの）の裏面は紫色の鱗片（根のように見えるもの）がびっしりついている。葉状体は大きくなると2つに割れて次々と増えていく。冬には枯れるが暖かい場所ではそのままの姿で越冬することもある。

（写真：栗山）

水がなくなった水田で越冬していた

（写真：栗山）

かわいい花にはトゲがある

茎には下向きのトゲがあり、これで何かに引っかかって上に伸びていく。

葉の形が牛の顔のように見える
（写真：栗山）

花びらのように見えるのは花被片
（写真：栗山）

ミゾソバ
Persicaria thunbergii
タデ科

　高さ30～100cm　　花期8～10月
　溝に生え、ソバ（蕎麦）に姿が似ていることからこの名がついた。水路、休耕田にも生える1年草。葉はほこ形で先がとがり、茎をはさんで互い違いにつく。葉の形を牛の額に見立ててウシノヒタイとも呼ばれる。花は白色からピンクまであり、茎の上部から枝分かれして集まって咲く姿はコンペイトウのようでかわいい。茎には下向きの細かいトゲがある。

鋭い刺が目立つ　（写真：栗山）

ママコノシリヌグイ
Persicaria senticosa
タデ科

　長さ100～200cm　　花期7～10月
　溝や休耕田などで他の植物にからまって生える1年草。葉は三角形で先が尖り、茎はつる状で枝分かれし、鋭い下向きの刺がある。花は淡いピンク色で先は赤い。継子の尻ぬぐいとは、昔、葉をトイレットペーパーとして使っていた頃に付けられたであろうなんとも悲しい名前。うっかり素手でつかむと痛い目にあう。

サデクサ
Persicaria maackiana
タデ科

　長さ50～150cm　　花期8～10月
　水分の多い溝や休耕田などに生える1年草。サデとはなでるという意味。なでると痛い草。全体に刺や毛があり、ひどくざらつく。葉は細長いほこ形で、葉の根元につく托葉は上部で切れ込みのある円形に広がり特徴的。花は下の方が白く先が赤い。タデの花びらのように見えるのは花びらとがくが変化した花被片と呼ばれるもの。

（写真：栗山）

タデ食う虫も好きずき

意外と美味しい食べられるタデ。一度食べたら忘れられない味。

スイバ　　　（写真：栗山） 　　ギシギシ　　（写真：栗山）

スイバの果実 　　（写真：3枚とも栗山） 　　ギシギシの果実

草紅葉も美しい（写真：栗山）

芽生え

人が通るような場所に多い　　　　　　　　（写真：栗山）

スイバ
Rumex acetosa

タデ科

高さ30〜100cm　　花期4〜6月

休耕田や畦に生える多年草。ギシギシに似るが葉は矢尻形なので見分けられる。雌雄異株で花は赤く目立つ。シュウ酸を含んでいてかむと酸っぱいので酸い葉。若葉は食べられる。

ギシギシ
Rumex japonicus

タデ科

高さ40〜100cm　　花期5〜8月

休耕田や畦に生える多年草。ぎっしりついた果実を振るとギシギシと音がするからか？名前の由来ははっきりしない。若葉には独特のぬめりがある。ゆでておひたしや油炒めにしてもおいしい。

ヤナギタデ
Persicaria hydropiper

タデ科

高さ40〜60cm　　花期8月〜10月

休耕田、水路、溝などに生える1年草。花は白からピンクで、葉は秋に紅葉する。葉の形がヤナギの葉に似ているのでこの名がついた。葉をかむと特有の香りと辛味があり、花がついていなくてもこの味で他のタデと見分けられる。こんな辛い草でも食べる虫がいるので「タデ食う虫も好きずき」（人の好みも様々で一般的に理解しがたい事もある）ということわざが生まれた。若芽は鮎の塩焼きにそえられるタデ酢や刺身のつまに用いられる。

イヌタデ
Persicaria longiseta

タデ科

高さ20〜50cm　　花期7月〜10月

休耕田や畦に生える1年草。ままごと遊びでは花穂をしごいて赤飯に見立てるのでアカマンマと呼ばれたりする。実際にも若葉は食べられないことはない。

ルーペで解くハコベの秘密

花びらは何枚？　雌しべの先は？　茎の毛はどこ？　ルーペでのぞくと意外な姿が見えてくる。

（写真：栗山）

コハコベ（ハコベ）
Stellaria media
ナデシコ科

高さ10〜30cm　　花期3〜11月（1年中？）

春の七草のひとつ。畦や乾田に生える1年草。（時に2年草）卵型の小さな葉が向かい合ってつく。茎は赤っぽく片側だけにやわらかい毛が生えている。白く細い花びらは10枚に見えるが実は深く切れこんだハート形の5枚の花びら。コハコベは雌しべの先の花柱が3本、ウシハコベは5本あるので数字と合わせると覚えやすい。ハコベは英語でchickweed（ひよこ草）。小鳥が好んで食べる。

ハコベの仲間の見分け方

	コハコベ	ミドリハコベ	ウシハコベ
花柱の数	 3	 3	 5
雄しべの数	3〜5	8〜10	10

ノミノフスマ
Stellaria uliginosa var. *undulata*
ナデシコ科

高さ10〜25cm　　花期3〜6月

春先の乾いた水田や畦によく群れになって咲く。花はハコベに似るが花びらはずっと大きくがくが花びらよりも小さい。茎は無毛で上のほうの葉は、茎をはさむように閉じている。フスマとは掛け布団のことで、ちいさな葉をノミの布団に見立ててついた名前。

（写真：栗山）
花びらは何枚に見えるかな？

オランダミミナグサ
Cerastium glomeratum
ナデシコ科

高さ10〜60cm　　花期4〜7月

ヨーロッパ原産の外来植物。畦や乾田に生える越年草（時に1年草）。全体にクリーム色の毛がたくさんある。花びらの先は浅く切れこんでいる。葉の形をネズミの耳に見立てて「耳菜草」。英語でもmouse ear（ねずみの耳）。

（写真：栗山）
ロゼットはハハコグサと間違えやすい

カエルと同じ場所が好き

キンポウゲ属（ラナンクルス）の「ラナ」はラテン語でカエルを意味する。どちらも湿った場所を好む。

春、耕される前のハス田に群生していた　　（写真：栗山）

タガラシ
Ranunculus sceleratus

キンポウゲ科

　高さ20～60cm　　花期3～5月

　水が枯れない場所を好み、冬の間に発芽し、水面に葉を浮かべたり湿った地面に張り付くようにして越冬する。春になると立ち上がり、すくっとした太い茎の先に黄色い1cmほどのつやのある花をつける。葉は大きな切れこみがあり、果実は長さ1cm、幅5mmほどのだ円形。種子は水に浮き流れに乗って運ばれる。名前の由来は、これがはびこると田を枯らしてしまうという説と、田に生え嚙むと辛いからという説があるが、近年湿田の減少にともない激減している。また、キンポウゲ科の植物は有毒なので口にしないようにしよう。畦に生えるケキツネノボタンの果実はコンペイトウのような球形なのに対し、タガラシはやや細いだ円形。

果実はだ円　　（写真：栗山）

まるで水草のよう（冬）　　（写真：栗山）

ケキツネノボタン
Ranunculus cantoniensis

キンポウゲ科

　高さ30～60cm　　花期4～7月

　湿った畦や溝に生える。茎、葉に毛が多く種子の先は曲がらない。よく似たキツネノボタンは毛がほとんど無く、種子の先がカギ状に曲がる。キツネの「ボタン」は果実が服のボタンに似ているからではなく葉が牡丹の葉に似ていることからついた名前。

コンペイトウのような果実　　（写真：栗山）

十字の花はおいしい印

十字状の花をつけるアブラナ科の植物はダイコン、キャベツなど、野菜にも多い。

（写真：栗山）

セイヨウアブラナ

タネツケバナ
Cardamine scutata

アブラナ科

　高さ10～20cm　　花期3～6月

　苗をつくるために種もみを水につける頃花が咲くことから「種漬け花」。実際には水田に水を張ると姿を消すが、畔ではほぼ1年中見られる。白い小さな十字状の花をつけ、葉は深い切れ込みがある。

　春の七草のナズナ、きれいな水が流れる水路に増えるオランダガラシ、春の土手を彩る菜の花（セイヨウアブラナ・カラシナ）水田のスカシタゴボウ、イヌガラシなど、どれも花びら4枚の十字状の花をつけ食用になる。

（写真：栗山）

オランダガラシ
Nasturtium officinale

アブラナ科

　高さ20～70cm　　花期4～8月

　ヨーロッパ原産の多年生外来植物。繁殖力が強く水路を埋め尽くすこともある。香味野菜としてサラダや肉料理の付け合せに用いられるクレソンとはこれのこと。

スカシタゴボウ　（写真：栗山） 　イヌガラシ　（写真：栗山）

スカシタゴボウ
Rorippa palustris

アブラナ科

　高さ10～30cm　　花期4～10月

　湿った水田や畔に生え、ゴボウのように太くて真っ直ぐな根をもつ越年草。七草のナズナの代わりにこれを使うところもある。よく似た多年草のイヌガラシは果実が長いので見分けられる。

田んぼのハチミツ

美しい風景をつくり、甘い蜜がとれ、草花遊びができ、最後には肥料にもなる。

ゲンゲにとまるミツバチ　　　　　　　　　（写真：栗山）

独特な形の果実　（写真：栗山） 　　名前の由来となったハス
　　　　　　　　　　　　　　　　　　（写真：栗山）

ゲンゲ
Astragalus sinicus

マメ科

　　高さ10～25cm　　花期4～5月

　緑肥として利用される中国原産の外来植物だがレンゲ草と呼ばれ、ピンクの絨毯(じゅうたん)を敷きつめたような風景は春の風物詩として田園にすっかりとけこみ親しまれてきた。花が輪になって並ぶ姿をハスの花に見立てて蓮華草(れんげそう)。漢字では「紫雲英(げ)」。遠くからながめるとまるで紫色の雲のようということか。可愛らしいピンクの花に対し、果実は真っ黒く、先が尖っていて悪魔の爪のようにも見える。

（緑肥）
　根に根粒というコブをつくりその中に根粒菌(こんりゅうきん)というバクテリアがすんでいて大気中の窒素を取り込んで栄養分にすることができる。これを利用してゲンゲを田植え前に土の中にすき込むことによって窒素肥料として利用してきた。しかし、化学肥料の普及によって、減ってきている。

（ミツバチとゲンゲ）
　花は花びらが上下に分かれた形をしていて、普段は雄しべも雌しべも下の花びらの中に納まっている。ところがミツバチがやってきて下の花びらに止まるとその重みで花びらが下がり、しべが現れ、ハチの体にたくさんの花粉をつける。

ゲンゲ同様ハチミツの蜜源　　　　　　　　（写真：栗山）

シロツメクサ
Trifolium repens

マメ科

　　高さ20～30cm　　花期5～8月

　ヨーロッパ原産の外来植物で土手や畦などに生える多年草。葉は3つの小さな葉からなるが、時々4つのものもあり「幸せを呼ぶ四葉のクローバー」探しが楽しい。茎は地面をはって伸び葉の脇から長い花茎が立ち上がって花をつける。この茎を編んで花かんむりなど草花遊びができる。名前は江戸時代に外国から舟でガラスを運んだ際、割れないように詰物として使われたことに由来する。

首かざりの編み方

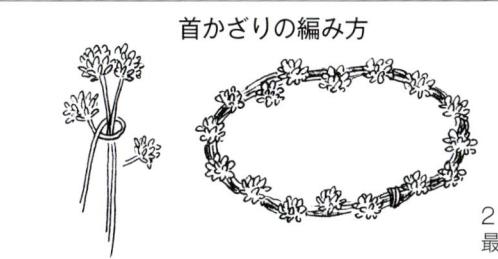

2～3本を芯にして左右にまきつけくり返し編んでいく
最後に両はしをとめる

科の違うハコベ

どちらも葉がナデシコ科のハコベに似ているのでつけられた名前。

田起し後水を入れたわずかな時期、一面に出現した（写真：栗山）

水田の中　　　　　　　　　　　　　　（写真：栗山）

花と果実　　　　　　　　　　　　　　（写真：栗山）

ミズハコベ
Callitriche palustris

アワゴケ科

　長さ5～30cm　　花期5～6月

　葉は明るい緑色でやわらかく、茎をはさんで向い合せにつく。形は水分条件によって変化する。水面に浮かぶ葉はしゃもじ形で遠くから見るとウキクサのように見える。水中の葉は細いだ円形。茎を伸ばしさかんに枝分かれして群落をつくる。葉の付け根に2mmぐらいの小さな白い花をつける。雄花と雌花がある。実は軍配形。水を落とす水田では1年草だが、流水中や山際などの湧水のある水田では多年草。名前は水辺に生え、葉がハコベに似ていることに由来する。

流水中　　　　　　　　　　　　　　　（写真：栗山）

地面にへばりつくように生える　　　　（写真：栗山）

水中では少し立ち上がっていた　　　　（写真：栗山）

ミゾハコベ
Elatine triandra var. *pedicellata*

ミゾハコベ科

　長さ3～10cm　　花期6～9月

　地面にへばりつくように生え、目立たないので見つけにくい植物のひとつ。水中のものはミズハコベと間違えやすいが、水面に葉が浮くことはなく、また葉は茎をはさんで互い違いにつくこと、花がうす紅色、果実が球形であることから区別がつく。また、陸上のものは、緑が濃く厚みとつやがある。この科の仲間は日本ではこの1種のみ。

禊ぎの萩―盆花

枝を水に浸して盆飾りの供物にかけ、お清めをする。仏様はミソハギの露を好まれるという。

ミソハギ
Lythrum anceps

ミソハギ科

高さ70～120cm　　花期7～8月

谷戸田の土手などに生える多年草。農家では、盆花といってお盆に仏様にお供えするために田んぼの隅の方に植えているところもある。花は鮮やかな赤紫色で真夏の緑の田んぼに映える。葉は四角い茎をはさんで向かい合わせにつき葉の付け根は茎をだかない。良く似たものに毛の多いエゾミソハギがある。

（写真：栗山）

キカシグサ
Rotala indica var. *uliginosa*

ミソハギ科

高さ10～15cm　　花期8月～10月

田植え後に発芽し、稲刈りの頃葉のねもとにうす紅色の小さな花を一個ずつつける柔らかい1年草。葉はだ円形で茎をはさんで向い合せにつく。茎は赤味を帯びることが多い。変わった名前だが由来ははっきりしない。

（写真：栗山）

ホソバヒメミソハギ
Ammannia coccinea

ミソハギ科

高さ50～80cm　　花期7～9月

熱帯アメリカ原産の1年生外来植物で、在来のヒメミソハギが減少する中、増加傾向にある。無毛で茎はよく枝分かれし、細長い葉が向い合せにつく。夏赤紫色の花を葉のねもとに左右2個ずつつける。果実は球形。秋になると全体が赤く紅葉して目立つ。

花　　（写真：栗山）

全体が真赤に紅葉　（写真：栗山）　　ヒメミソハギ（写真：栗山）

丁子は釘の形

果実の形は細長く釘そっくり。

チョウジタデ
Ludwigia epilobioides
アカバナ科

　高さ30～70cm　　花期8～10月
　水田、休耕田、湿地などに生える1年草。茎は角張って夏から秋にかけて赤紫色を帯びることが多い。葉は長さ3～10cm、幅1～2cm。葉脈の形に特徴がある。花は直径4mm、ガク片、雄しべ各4個、花びらは黄色で4（時に5）枚。雌しべには大きな丸い柱頭があり、子房は長く花の柄のよう。この形が丁字（クローブ）に、葉がタデに似ていることからこの名がついた。

呼吸根
　太くて白い根が地上に出ていることがある。空気中や水中から酸素を取り込もうとするもので呼吸根と呼ばれる。

呼吸根　　　　　　　　　　（写真：栗山）

ウスゲチョウジタデ
Ludwigia greatrexii
アカバナ科

　高さ30～70cm　　花期8～10月
　チョウジタデに似るが茎や葉に細かい毛がまばらにつく。また花の散った後の花床にも白い毛が密集している。がく片、雄しべ各5個、花びら5～6枚。チョウジタデに比べ葉の色が明るく全体にやわらかい感じで、花も大きい。チョウジタデと一緒に生えていることもあるが、数は少ない。

（写真：栗山）

花後の様子が丁字（クローブ）に似る

（写真：栗山）

紫の花

群生して紫に煙ったような風景は遠目にも美しい。

放棄水田に群生　　　　（写真：栗山）

（写真：栗山）

ミゾコウジュ
Salvia plebeia

シソ科

　高さ30～60cm　　花期5～6月

　葉は短い柄があり、しわのある葉が向い合せにつく。茎の断面はシソ科の特徴である四角。明るい湿った環境を好み、秋に発芽し、ロゼット葉で冬をすごす越年草。春になると葉の付け根から花穂が伸びて次々と淡い紫色の小さな花が咲く。農薬に弱く、減少傾向にあるが休耕1年目の水田に突如群落として現れることもある。別名ユキミソウ。

ごく限られた場所に細々と残る
　　　　　　　　　　　（写真：栗山）

（写真：栗山）

ミズネコノオ
Pogostemon stellatus

シソ科

　高さ15～50cm　　花期9～10月

　3～6枚の細い葉が輪になってつく。茎の途中から多く枝を出し、先端に薄紫の花穂をつける。名前の由来は花穂をネコのしっぽに見立てたもの。全国的に減少傾向にあり、県では絶滅危惧ⅠB類に指定されている。

ホトケノザ　　（写真：栗山）ヒメオドリコソウ（写真：栗山）
田起し前の乾田に群生していることもある

ホトケノザ
Lamium amplexicaule

シソ科

　高さ15～30cm　　花期3～6月

　半円形の葉が四角い茎を抱くようにつく。その様子を仏様が座る台座に見立てたのが名前の由来。花は葉の脇からすくっと立つようにして咲く。同じようなところに生えるヒメオドリコソウは、ヨーロッパ原産の外来植物。ハート形の葉の間から顔をのぞかせるように咲く。

春の七草

春の七草は田んぼの雑草。

横には広がっていく　　　　　　　　　　　　　（写真：栗山）

花　　（写真：2枚とも栗山）　セリを食べるキアゲハの幼虫

セリ

Oenanthe javanica

セリ科

　高さ20～80cm　　花期7～8月

　春の七草を代表するもの。水田のやっかいな雑草である一方、香りが独特で古くから栽培されてきた作物でもある。おひたし、和えもの、鍋にも。冬の間は地面に横たわるように生えているが、春になると盛んに枝を伸ばして群落を広げる。セリの名は競り合って生えることに由来。花の時期には茎が立ち上がってレースのような花を咲かせる。キアゲハの食草。

暖かい場所では冬でも花が咲いている

花
（写真：2枚とも栗山）

ナズナ

Capsella bursa-pastoris

アブラナ科

　高さ10～40cm　　花期3～6月

　畦や土手などどこにでも生える。ロゼットで冬を越す。果実の形が三味線のバチに似ていることからペンペングサとも。果実を下に引っ張りぶら下げて、でんでん太鼓のように振って遊べる。

これは畦だが水田の中に生えることの方が多い　　（写真：栗山）

コオニタビラコ

Lapsanastrum apogonoides

キク科

　高さ5～10cm　　花期3～5月

　主に水田に生える越年草。ロゼットで越冬し、春の田起し前までのほんのわずかな間に花を咲かせ、種子を飛ばす。七草のホトケノザとはシソ科のホトケノザではなく、このこと。タビラコ（田平子）は田んぼにはりつくように広がるロゼットの様子から付いた名前。

キク科
ハハコグサ（ゴギョウ）

ナデシコ科
ハコベ（ハコベラ）

ダイコン（スズナ）・カブ（スズシロ）　ヨメナ　ノビル

全草田んぼの雑草でそろえて
オリジナル七草を作ってみよう

（写真：5枚とも栗山）

七草粥

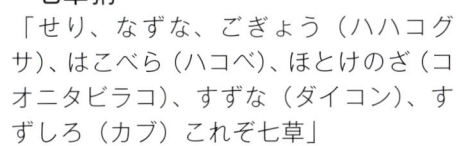

「せり、なずな、ごぎょう（ハハコグサ）、はこべら（ハコベ）、ほとけのざ（コオニタビラコ）、すずな（ダイコン）、すずしろ（カブ）これぞ七草」

ダイコン、カブ以外はすべて田んぼとその周辺で採れる雑草。特にコオニタビラコは田んぼ以外ではほとんど見ることがない。また、スズナ、スズシロはそれぞれ畦に生えるヨメナとノビルという説もある。田んぼには、イネの他にも食べられる植物がいっぱい生えていることを、昔の人はよく知っていたのだろう。お正月に七草を食べると1年間無病息災で過ごせるといわれる風習は、冬の寒さの中で緑を保ち元気に育っている田んぼの草の生命力が邪気をはらうというもの。

（はやしうた）
七草なずな　唐土の鳥が　日本の国へ
渡らぬ先に　ストトンコ　トン　トン

寄せ植え　　　　　　　　　（写真：栗山）

（七草粥の作り方）
採って来た七草は6日の夜、はやしうたを歌いながらすりこぎでたたき、神棚に供え、7日の朝、粥にして食べる。
塩と酒で味付けした白粥をつくり、炊き上がる直前にゆでてみじん切りにした七草を入れる。

減少するゴマノハグサ科

水田に多いゴマノハグサ科。除草剤に負けて減少するものも多い。

沈水葉（左）　　　　（写真：栗山）
花　　　　　（写真：栗山）

シソクサ
Limnophila aromatica

ゴマノハグサ科

高さ10～30cm　　花期9～10月

湿地、水田などに生える1年草。葉はだ円形でふちがギザギザしていて柄はなく、茎をはさんで向い合せにつく。シソの仲間ではないのに葉をもむとシソそっくりの香りがする。
　県では絶滅危惧種ではないが、近年めっきり見かけなくなった。

沈水葉（左）　　　　（写真：栗山）
花　　　　　（写真：栗山）

キクモ
Limnophila sessiliflora

ゴマノハグサ科

長さ10～60cm　　花期8～10月

水中～湿地まで多様な環境に生育し、草丈は陸では大きくても20cmほどだが、水中では50cm以上にも伸びる。茎には軟らかい毛が生え、葉は5～8枚が茎の同じところから輪になってつく。葉の形がキクに似ていることからキクモと名付けられたがキクに似ているのは水面より上に出ている部分で、水中の葉（沈水葉）は糸のように細く裂けている。夏から秋にかけて水面上の葉のつけ根に小さなピンクの花をつける。水中では閉鎖花（へいさか）で実を結ぶ。

アブノメ
Dopatrium junceum

ゴマノハグサ科

高さ10～20cm　　花期8～9月

田植え後に芽生え、稲が実る頃花を咲かせる。葉の付け根に3mmほどの球形の果実ができるが、これを昆虫のアブの目に見立てたのが名前の由来。茎の中が空なのでしごくとパチパチ音がすることからパチパチグサと呼ばれたりもする。山からの染み出し水が流れ込むような谷戸田に細々と生育している。

（写真：栗山）

オオアブノメ
Gratiola japonica
ゴマノハグサ科

　高さ10〜20cm　　花期5〜7月
　アブノメが細く縦に伸びるのに対して、オオアブノメは太く葉も大きく、茎は何本にも枝分かれし、節から根を出して地をはうように生える。
　田植え後に生え夏前には消える。多くの細かい種子は水面に浮かんで広がっていく。近年アブノメ同様姿を見ることが少なくなった植物。環境省、県ともに絶滅危惧Ⅱ類に指定されている。

放棄1年目の水田に生えていた　　（写真：栗山）

花　　（写真：栗山）

水面に浮かんで運ばれていく種子（写真：栗山）

カワヂシャ
Veronica undulata
ゴマノハグサ科

　高さ10〜60cm　　花期5〜6月
　休耕田、水路などに生える越年草。チシャ（萵）はレタスのようなやわらかい菜葉のことで若菜は食べられる。花の形は同じ科のオオイヌノフグリに似て小さく、白地に薄い青紫のすじがある。近年、減少傾向にあり、外来種のオオカワヂシャの侵入も心配される。

湧水の流れ込む水路に生えていた　　（写真：栗山）

外来種のオオカワヂシャ　　（写真：栗山） 　　在来種のカワヂシャ　　（写真：栗山）

同定に挑戦

違いはどこか、じっくり観察して名前を調べてみよう。

アゼナ

Lindernia procumbens

ゴマノハグサ科

高さ5〜20cm　　花期6〜10月

葉はだ円形で3本の葉脈が目立ち、四角い茎をはさんで向い合わせにつく。代かき後1週間位から発芽し始める1年草。古代から水田を代表する植物。漢字で畦菜と書くが、実際は水田の中に生えることが多い。近年この在来のアゼナに混じって外来3種が分布を広げているが、その割合は水田によって異なる。

地味で見分けの難しい植物は、気付かないうちに繁殖力の強い外来種と置き換わってしまっていることがある。まるでインベーダーのように……。注意して観てみよう　　　（写真：栗山）

見分け方

	アゼナ *Lindernia procumbens*	タケトアゼナ（外来種） *Lindernia dubia* var. *dubia*	アメリカアゼナ（外来種） *Lindernia dubia* var. *major*
葉のふち	鋸歯（ギザギザ）なし	数個の鋸歯	数個の鋸歯
葉の基部	細まる	円形	細まる
花の柄	葉の1〜1.5倍	葉の1〜1.5倍	葉の1/2〜1倍
花期	6月〜10月	6月〜10月	7月〜10月
葉と花の様子		花に紫の点々がある	葉の表面に赤茶の点々があることが多い

（写真：3枚とも栗山）

畦のカバープランツ

畦に群生し、刈り込みに強く見た目にもきれいな植物。

サギゴケ　（写真：栗山）

トキワハゼ　（写真：栗山）

サギゴケ

Mazus miquelii

ゴマノハグサ科

　　高さ10～15cm　　花期4～5月

　根元にギザギザしただ円形の葉がまとまってつき、その間から茎が直立して花をつける。花の色は濃い紫からピンク、白まであり目立つ。花の終わり頃に横にはう枝（走出枝）を伸ばして増える。名前は花をサギの姿に見立て、畦をおおう様子がコケの様だというのでついた。これに似たトキワハゼは走出枝を出さない。

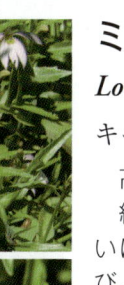

（写真：栗山）

花　（写真：栗山）

ミゾカクシ

Lobelia chinensis

キキョウ科

　　高さ10～15cm　　花期6～10月

　細長い小さな葉が茎をはさんで互い違いにつく。茎は細く地面をはうように伸び、節から根を下ろして増える。花びらは5つに深く裂けた特徴的な形をしていてピンクの花が畦をおおうように群生している様子は美しい。溝を隠すように生えることからついた名前だが、畦にむしろを敷いたようだということからアゼムシロという別名もある。

（写真：栗山）

葉の裏にも毛がある　（写真：栗山）

ノチドメ

Hydrocotyle maritima

セリ科

　　高さ5～15cm　　花期6～10月

　葉はふちに深い切れ込みがある円形で茎は細く枝を出して地面をはうようにして増える。葉に毛があり花は葉よりも下につく。似た種類が多いが毛の有無や花のつく位置で見分ける。草丈が低くひんぱんに草刈をする畦に多い。名前は葉の汁を止血剤として用いたことから付いた。

キク科でも水辺が大好き

水のある水田の中でも平気で育つ。

アメリカセンダングサ　　　　　　　　　（写真：栗山）

コセンダングサ
（写真：3枚とも栗山）

アメリカセンダングサの種子

コセンダングサの種子

タカサブロウ　　　　　　　　　　　　　（写真：栗山）

アメリカタカサブロウ（左）とタカサブロウ　　（写真：栗山）

アメリカセンダングサ
Bidens frondosa

キク科

高さ50〜150cm　　花期9〜10月

北アメリカ原産の外来植物。葉は、樹木のセンダンの葉に似て茎ともに暗紫色を帯びる。湿地を好み、休耕田や水田、水路の脇など水分の多い所に生える1年草。種子にはトゲがあり動物に付いて運ばれる。服にもつきやすく、アレチヌスビトハギやオオオナモミとともに「ひっつき虫」と呼ばれ草花遊びにも使われる。

これに似たコセンダングサも水田周辺でよく見かけるが、乾燥した土手や畦に生え、暖かい場所では冬でも花を咲かせている。

タカサブロウ
Eclipta thermalis

キク科

高さ20〜60cm　　花期7〜9月

葉は茎をはさんで互い違いにつき、全体にざらつく。夏に小さな白い花がたくさん集まった頭花をつける1年草。折ると断面が黒くなり字を書くことができる。近年熱帯アメリカ原産のアメリカタカサブロウが多くなってきている。タカサブロウは古くからの水田に、アメリカタカサブロウ（*Eclipta alba*）は新しい水田や道端に多いが、両種が一緒に生えている場所もあり交配していると思われる。

	タカサブロウ	アメリカタカサブロウ
葉	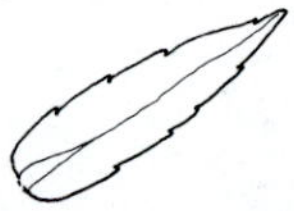	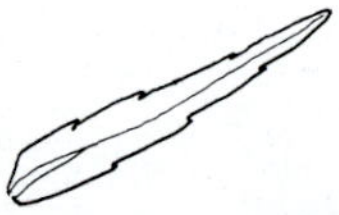
種子	中央がもり上がり翼が目立つ 	翼はほとんどない 

葉の裏は白い

ふわふわの白い毛が特徴的なキク科植物。

(写真：栗山)

葉の裏　　　(写真：栗山)

ヨモギ
Artemisia princeps
キク科

　　高さ50〜100cm　　花期9〜10月
　葉はギザギザしていて裏面は白い毛におおわれている。秋に茎の先が枝分かれして黄緑色の小さな花が穂のようにつく。地下茎を横に伸ばして広がる多年草。畦では土が崩れるのを防ぐ役目をする。春の新芽を摘んで草餅の材料にするほか、漢方薬として全草を乾燥させて薬湯や蓬茶(よもぎちゃ)などにも利用される。お灸(きゅう)の「もぐさ」は葉の裏の毛を集めて作られたもの。

(写真：栗山)

芽生え（冬）　　(写真：栗山)

ハハコグサ
Gnaphalium affine
キク科

　　高さ15〜30cm　　花期3〜6月
　春の七草のゴギョウ（御形）とはこのこと。普通は秋に発芽し、ロゼットで冬を越す。春になると茎が立ち上がり先端に黄色い頭花が密集してつく。葉や茎は白くやわらかい毛におおわれる。若菜は七草粥のほか、草餅の材料にもなる。チチコグサや外来植物のチチコグサモドキ、ウラジロチチコグサなど似たものが多く、七草摘みでは見分けが難しいもののひとつ。

(写真：栗山)　ロゼットで越冬する
　　　　　　　　　(写真：栗山)

キツネアザミ
Hemistepta lyrata
キク科

　　高さ60〜90cm　　花期5〜6月
　秋に発芽し、ロゼットで冬を越す。葉は深い切れ込みがあり、アザミに似るがトゲはなく、葉の裏は白い毛におおわれる。春に紅紫色の管状花(かんじょうか)だけの花をたくさんつける。種子はタンポポのように綿毛ができて風に飛ばされていく。耕す前の水田に群落となって見られることもある。一見アザミに似るがそうではなくキツネにだまされたようだ、というのが名前の由来。

名前は葉の形から

芽が出たばかりはどれも細長い葉で区別がつかないが、生長してくると特徴的な葉の形に変化するので、簡単に見分けられる。

水田中のオモダカ　　クワイ　（写真：3枚とも栗山）

（写真：栗山）

（写真：2枚とも栗山）　花

オモダカ
Sagittaria trifolia

オモダカ科

高さ20～80cm　　花期7～10月

水田、休耕田、溝などに生える多年草。矢じり形の葉が人が顔（面）を高く上げた様子に見えることから面高。夏以降に真っ白い透明感のある花びら3枚の花をつける。雌花は下の方に、雄花は上の方につく。果実は球形で、種子には翼があり水面に浮いて広がる。また1株から次々に走出枝を伸ばしその先に塊茎（球根の一種）をつくって越冬して増える。お正月のおせち料理に使われるクワイはこれを品種改良した中国原産のもので、オモダカよりも大型。

ウリカワ
Sagittaria pygmaea

オモダカ科

高さ10～15cm　　花期7～9月

主に湿田に生える多年草。葉の形がウリの皮をむいた形に似ることから瓜皮。オモダカと同じようにして増える。

ヘラオモダカ
Alisma canaliculatum

オモダカ科

高さ50～80cm　　花期8～9月

水田、休耕田、溝などに生える多年草。葉の形はヘラ状で、花期には細長いアンテナ状の花茎を伸ばし多数の枝の先に小さな白い花をつける。

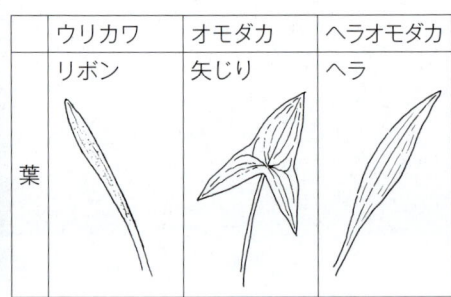

	ウリカワ	オモダカ	ヘラオモダカ
葉	リボン	矢じり	ヘラ

水中で暮らす水草

植物全体が水の中に沈んでいる沈水植物。

ちぎれた茎が水路から水田に流れ込んでいた　（写真：栗山）

オオカナダモ
Egeria densa
トチカガミ科

　　長さ　～100cm　　花期5～9月
　水路やため池に生育する南米原産の外来植物。日本には雄株しかないが、ちぎれた茎から新しい根を出して次々と増える。葉は4～6枚でギザギザは目立たない。大正時代に実験用に持ち込まれたものが各地で増え問題となっている。

（写真：栗山）

コカナダモ
Elodea nuttallii
トチカガミ科

　　長さ　～100cm　　花期5～9月
　水路やため池に生育する北米原産の外来植物。日本には雄株のみ。葉は3枚でギザギザがあり、ねじれて反り返る。汚れた水でも生育し、寒さに強くまた、湧水域にも侵入している。

雄花は水面をただよって雌花にたどりつき受粉する（写真：栗山）

クロモ
Hydrilla verticillata
トチカガミ科

　　長さ　～50cm　　花期8～10月
　水路やため池に生育する。葉は5～7枚でギザギザが目立ち茎は折れやすい。秋に根元や枝先に殖芽（越冬するための芽）ができ水底に落ちて増える。近年減少傾向にある。

谷戸田を再生した場所に出現した　　　（写真：阪尾）

ミズオオバコ
Ottelia alismoides
トチカガミ科

　　高さ10～30cm　　花期8～10月
　水田、ため池などに生育する1年草。オオバコに似た葉は水田では10～20cmくらいだが、ため池では30cm以上になることもある。ほのかにピンクがかった花びら3枚の花は水面に出て咲く。近年減少傾向にある。

方言の多さは身近な証拠

ヒガンバナは静岡県だけでも数十個の方言がある。

秋の風物詩ヒガンバナ　　　　　　　　（写真：栗山）

花が咲く時期に葉はなく、
花が咲き終わった後出てきて夏には枯れる

球根
（写真：2枚とも栗山）

ヒガンバナ
Lycoris radiata

ヒガンバナ科

　高さ30〜50cm　　花期9月

　昔、稲作と共に日本に入ってきて全国に広がったと考えられている畦や土手に生える多年草。秋の彼岸の頃、地面からまっすぐ伸びた茎の先に鮮やかで独特の形をした花を咲かせる。花の時期には葉は枯れて無いので「ハッカケ」「ハコボレグサ」と呼ばれたり、球根部分に毒が含まれているのでモグラやネズミなどの動物が来ないように畦やお墓の周りに植えられ「ドクバナ」「ソーシキバナ」などとも呼ばれる。多くの方言があり、人間の生活に深く関わっていたことがうかがえる。「曼珠沙華」は仏教で使う梵語で美しい赤い花のこと。球根には毒があるが豊富なでんぷんも含まれているので昔は身近な場所に植えて飢饉の時の食料として大切にされたという。すりつぶして水によくさらすことで毒を抜くことができる。

Column

畦
（栗山 由佳子）

　田んぼに水をため、農作業の道としても重要な役割を持つ畦は年に何回も草刈される場所。せっかく芽生えた植物もじゃま者としてようしゃなく刈られ踏みつけられてしまう。しかし、どんなに刈り込まれても花を咲かせ、種子を残そうと必死の植物たちの姿はしたたかでけなげである。大きな植物は根元から切られいつまでたっても背が低いままだが、その代わり背の低い小さな植物にも光があたり、その結果多くの種類の花が咲く。植物の種類が多くなるとそれに集まる昆虫の種類も多くなり、またその虫を食べるカエルたち、カエルを食べるヘビたち、ヘビを食べる鳥たち……と豊な食物連鎖が成り立つ場所となる。ひとつの種が爆発的に増えることはなく、それぞれが食う食われるの関係で複雑でありながら巧みにバランスを保っているのだ。そしてその賑わいは田んぼに水が入るとピークに達する。畦は水辺から草原へとつながるエコトーン（移行帯）をみごとに凝縮したものといえるのではないだろうか。

昔から身近にあった草

名前から昔の道具が想像できる植物。

イ (写真：栗山)

クサイ (写真：栗山)　ホソイ (写真：栗山)　イの花穂 (写真：栗山)

イ

Juncus decipiens

イグサ科

　　高さ70〜100cm　　花期6〜9月

　地下の茎から多くの円柱状の茎を出し、大きな株となる多年草。湿地、休耕田などに生える。普通の形の葉はなく、茎の下の方にりん片状に退化した葉がつく。また、花の穂は茎の途中から出ているように見えるが、花から上は茎ではなくこれも葉が変化した抱葉と呼ばれるもの。

　畳表に使われるイグサはこれを品種改良したもの。昔の人は茎の中のスポンジ状のずいを燈明用の燈芯に使ったことからトウシンソウとも呼ばれていた。イの仲間には、クサイ、ホソイなどがある。

コウガイゼキショウ

Juncus prismatocarpus subsp. *leschenaultii*

イグサ科

　　高さ20〜30cm　　花期6〜7月

　水田や湿地に生える多年草。葉と茎が平たく、昔日本髪を結うのに使った笄やサトイモ科のセキショウに似ているというのでこの名がついた。複数の花が球形に集まった頭花がたくさんついた様子はまるで線香花火の様。

(写真：栗山)

(写真：栗山)

害草？　それとも貴重種？

人間の都合に翻弄されてなお、したたかに生きるけなげな植物。

（写真：栗山） 　水田いっぱいに広がったコナギ　（写真：栗山）

コナギ

Monochoria vaginalis

ミズアオイ科

　高さ20〜30cm　　花期8〜10月

　田植え前の代かきで発芽し、増える。水田環境に適応した代表的な水田雑草。葉は細いハート形でつやがある。青紫色の清楚（せいそ）な花は葉の影に隠れるように低い位置で咲くので目立たないが虫が花粉を運んでくれなくても自家受粉し、確実に実をつけることができる。コナギの名前は、小型のナギ（ミズアオイの古名）から。昔はミズアオイと同じように色々な使われ方をしていた。

休耕田のミズアオイ　　　　　　　　（写真：栗山）

ミズアオイ

Monochoria korsakowii

ミズアオイ科

　高さ30〜80cm　　花期7〜10月

　発芽はコナギより早く3〜4月頃。花は葉より高い位置で咲き、コナギよりも鮮やかな青紫色で美しい。葵の葉に似て水辺に咲くことから水葵という名前がついた。昔は菜葱（水葱）といって茎や葉を野菜として食べたり、花を染料として使っていたらしく万葉集や宇治拾遺物語に登場している。水田で普通に見られるものだったが、農薬の影響で絶滅が心配されるまでになってしまった。県内では静岡市の限られた蓮田（はすだ）に細々と残る。環境省、県ともに絶滅危惧Ⅱ類に指定されている。

果実は湿った所ではじけて種子を落とす
（写真：3枚とも栗山）

万葉集の中のミズアオイ
　醬酢（ひしおす）に蒜（ひる）つきかてて鯛（たい）願（ねが）う　我（われ）にな見せそ水葱（なぎ）の羹（あつもの）　（ひしおすにノビルをつきこんだ和え物とタイを食べたいと思っているのにミズアオイの吸い物なんか見せないでおくれ）
※この時代には食べ飽（あ）きるほど普通な野菜だったのだろう。

200

ホテイアオイ

Eichhornia crassipes

ミズアオイ科

高さ10～80cm　　花期6～11月

南米原産で明治時代に持ち込まれ、各地のため池や流れの無い水路などで増えている外来植物。暖かい場所では越冬する。ホテイアオイはその名の示すように葉の根元が七福神の布袋様のお腹のようにふくらんで水面に浮かぶ。薄紫色の目立つ花をつけるが結実はまれ。園芸店でウォータープランツとして売られているものは10cmほどだが、繁殖力が旺盛で条件がそろうと一株から千以上の子株に増え、大きさも1mを超し陸に上がってくることもある。水面をおおい尽してしまうと他の植物が生長できなくなったり、枯れて腐ると水質悪化を引き起こすなど悪影響が出る。国際自然保護連合の世界の侵略的外来種ワースト100に選ばれている。

（写真：栗山）

水路を埋め尽くす巨大化したホテイアオイ　家庭の水槽で増えすぎたからといって安易に野外に放さないようにしよう。（写真：栗山）

Column

ただの草

秋に青紫色の美しい花を咲かせるミズアオイは、かつては低地の水田や水路、溝などに普通に生える雑草だった。古い農業向けの雑草図鑑に、コナギとならんで強害草扱いされているのを見て驚いたことがある。水田に生える植物は、普通「水田雑草」と呼ばれ「水田植物」という言葉はあまり使われない。作物である米を生産する場にとってイネ以外のものはその生育に害を与える邪魔者というわけだ。それが、今では絶滅危惧種に指定されるまでに激減し保護の対象になっている。減少の主な原因は、生育場所自体の消失と農薬散布によるものと思われる。真夏の田の草取りは農家にとって大変な重労働であり、それを解決する除草剤はまさに救世主であった。しかし、強害草がこの世から消えて無くなってしまうような環境を素直に喜んでしまってもよいものなのだろうか。自然環境の保全と人間活動のバランスは、今後の課題となるだろう。

東北や北海道では除草剤に抵抗性を持つものが現れているという。雑草の逆襲とでもいうべきか。

静岡県内に残るミズアオイの自生地では絶滅危惧種として保護されることもなく今も雑草として扱われている。しかし、そこで絶滅を免れてきたのは、その農家の手作業による除草と家畜のエサにするという利用方法があったからなのだろう。もしかしたら、時には美しいと思ってもらえていたのかもしれない。絶滅も大発生して害草となることもない、ただの草として共生の道を歩むヒントがそこに隠されているような気がする。

（栗山 由佳子）

除草されるミズアオイだが、手作業のため見残しが秋には必ずどこかで花を咲かせている

いつの間に?!

いつの間に、田んぼの中に侵入?!
いつの間に、北上?!

イボクサ
Murdannia keisak
ツユクサ科

高さ20～30cm　　花期8～10月

ツユクサと同じ仲間で花びら3枚の透明がかったピンクの花をつける。葉の汁をつけるとイボが取れるということから付いた名前。茎は枝分かれしながら畦から水田の中に横にはって広がることが多く、知らない間に増えているというのでヨバイグサと呼ばれたりもする。流水中にも生える。

イボクサに負けてしまったイネ　　（写真：2枚とも栗山）

ツユクサ
Commelina communis
ツユクサ科

高さ20～50cm　　花期6～9月

葉は先のとがった卵形で茎をはさんで互い違いにつき、葉の根元は茎を包むさやになっている。朝露が降りる早朝に咲き始めることが名前の由来。花の鮮やかな青は布や紙に染まりやすい。古くはこの花で布を刷り染めしたことから「つき草」とも。染まっても簡単に水で洗い流せるので着物の下絵を描くのにも利用される。

ツユクサの花　　マルバツユクサの花
（写真：上下4枚とも栗山）

マルバツユクサ
Commelina benghalensis
ツユクサ科

高さ20～50cm　　花期7～10月

葉はツユクサより大きく丸みを帯びる。花はツユクサよりも小さく花びらの色は淡い青。秋、地中に閉鎖花をつける。南方系の植物で以前はあまり目にすることはなかったが、近年増加傾向にある。

利用できる雑草

雑草として嫌われる一方、楽しい使い方が伝承されている。

コブナグサ

Arthraxon hispidus

イネ科

高さ20～50cm　　花期9～11月

畦や休耕田に生える1年草。茎の先にススキを小さくしたような3～5cmの花穂がつく。穂は白っぽい緑色または紫色。茎を抱くようについた小さな葉の形を小鮒に見立てたのが名前の由来。昔から染料として使われていた。八丈島では「刈安」と呼ばれ特産品の絹織物「黄八丈」の黄色の染料として使われている。

（写真：栗山）

コブナグサ染め

〈材料〉
- コブナグサ（きざんで）　洗たくネット1ぱい
- 綿のハンカチ（柔軟剤仕上げしたもの）3枚
  絹、ウールでも
- 焼ミョウバン　小さじ1

〈作り方〉
1. ホウロウ（又はステンレス）なべにネットに入れた草とひたひたの水を入れ、20分煮出す（染液のできあがり）
2. 草をとり出し、ハンカチを入れ20分煮る
3. ハンカチをとり出しミョウバンをとかした湯に20分つける
4. 再び染液に入れて20分煮て、そのまま冷ます
5. 水でよく洗い、干して完成
   色を濃くしたい時は、3、4をくり返す。他の草でもためしてみよう

コブナグサで染めた木綿の布　（写真：栗山）
（媒染：焼ミョウバン）

ジュズダマ

Coix lacryma-jobi

イネ科

高さ100～200cm　　花期7～10月

畦や休耕田に生える、東南アジア原産で古い時代に帰化したと考えられている大型の多年草。株立ちとなりまっすぐで太い茎をすくっとした大きな葉が包むようにつく。夏から秋にかけ先端に複数の枝を出し、壺状の葉（苞鞘）をつけ雄花の穂と雌しべが垂れ下がってつく。壺状の葉はやがてかたくなって熟し、中に果実ができる。色は黒～灰色～白でつやがある。これを糸でつないで数珠を作ったことから数珠玉。

ネックレスやお手玉の中身にも使う。

花　（写真：栗山）

（写真：栗山）　ネックレス　（写真：栗山）

見分けが難しいイネ科

似たものが多いのに加え、種類の違うものに同じ名前（別名・方言）が付いていることもある。

花穂

水面に葉を浮かせ越冬する姿は水草のよう
（写真：3枚とも栗山）

花穂
（写真：2枚とも栗山）

花穂（写真：2枚とも栗山）

ムツオレグサ
Glyceria acutiflora
イネ科

高さ30〜60cm　　花期4〜6月

冬でも水がある水田や湿地、水路などに生育する多年草。稲刈り後発芽し、冬の間水面に葉を浮かせ、春になると立ち上がってくる。細く折れやすい花穂（かすい）をつけることから六折草と名付けられた。実際、手に取るとばらばらと落ちるので、それと分かる。昔、飢饉（ききん）の時食用にされたことからミノゴメともいう。湿田の減少で近年めっきり少なくなった。

カズノコグサ
Beckmannia syzigachne
イネ科

高さ30〜70cm　　花期4〜6月

水田、湿った畦などに生える1年草。イネのようにすっとした葉は根元でさや状（葉鞘（ようしょう））になっている。葉舌（ようぜつ）は長さ3〜6mmで目立つ。葉も茎もやわらかく茎の先に淡い緑色の花穂をつける。花穂の形がおせち料理に使われる数の子にそっくりなことからこの名がついた。別名ミノゴメだがムツオレグサも同じ名前で呼ばれることがある。牧野富太郎は、これは食べられないのでミノゴメと呼ぶのは間違いとし、カズノコグサと命名。ムツオレグサをミノゴメとした。

スズメノカタビラ
Poa annua
イネ科

高さ10〜25cm　　花期3〜11月

水田、畦、道端などに生育する1〜2年草で、スズメの服のように小さなという意味。どこでも目にする植物だが、気づかないうちによく似た外来種のツルスズメノカタビラにとって替わってしまっている場合がある。こちらは根元の節から根を出す特徴がある。

シッポのような穂

ふさふさとしてかわいい穂は誰が見てもシッポ。

花穂
(写真：2枚とも栗山)

草笛を吹いてみよう
ぬく
折る
口にくわえて吹く

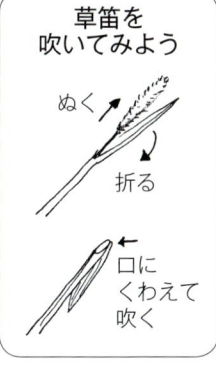

スズメノテッポウ

Alopecurus aequalis var. *amurensis*

イネ科

高さ20～30cm　　花期4～6月

田起し前に群生する1年草。よく似たセトガヤやゲンゲなどと一緒に田んぼをおおい尽くす風景は春の風物詩のひとつ。葉や茎は灰色がかった緑色で雄しべは初め黄色で後にオレンジ色になる。セトガヤはこれよりひとまわり大きく雄しべが白～クリーム色。たくさんの花が集まった円柱形の穂を鉄砲に見立て小さいことからスズメ用ということでこの名がついた。草笛にして遊ぶことからピーピーグサとも呼ばれる。英語ではOrange Foxtail（オレンジ色のキツネのしっぽ）。

秋の夕ぐれ、キツネたちがじゃれあっているよう　（写真：栗山）

エノコログサ類

イネ科

高さ30～80cm　　花期8～11月

畦など少し乾燥したところに生える1年草。穂はたくさんの花が集まってできているが、その1つ1つにノギと呼ばれる毛がついているので、フサフサとして見える。エノコログサは漢字で狗尾草（子犬のしっぽ）。英語ではFoxtail（キツネのしっぽ）。別名ネコジャラシは、穂をネコの前で動かすとじゃれてくることからついたもの。似たものに穂が金色のキンエノコロ、穂が長く垂れ下がるアキノエノコログサなどがある。ふわふわの穂で色々な草花遊びができる。

エノコログサでイヌを作ろう

1. 穂の長いのを2本平行にして 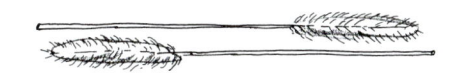
2. 2本の茎にまきつけ穂先は間から出す 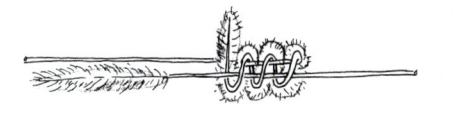
3. 反対側も同じようにまいてさいごに両側に引っぱる。これを2コ作る
4. あたま　さしこむ　しっぽ　そのまま　片方を切る
5. 足（茎）を動かすと首やしっぽがのびたりちぢんだり耳の長さを工夫するといろいろな動物になるよ

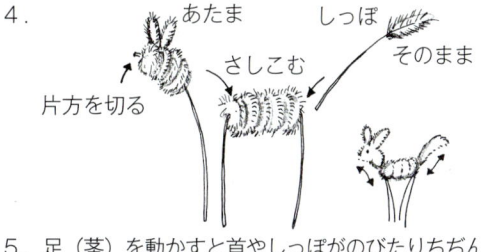

ものまね上手なノビエ
イネとヒエを見分けられたら草取り名人！

イヌビエとイネ　　　　　　　　　　　（写真：栗山）

ケイヌビエ（イヌビエのノギの長いもの）　（写真：栗山）

タイヌビエ　　　　　　　　　　　　（写真：栗山）

ノビエの仲間（擬態雑草）

イネ科

　擬態といえば敵に見つからないように葉や木の枝などに似せた格好をする昆虫や鳥のことがすぐに思い浮かぶが、植物の中にもそんなすごいワザを身につけているものがいる。
　種子が落ちないように改良され穀物として栽培されているヒエに対し、野生のヒエをノビエという。人間が稲作を始めた時から、イネに似たものが抜かれずに取り残されていくうちに、さらにそっくりに変化してしまったしたたかな雑草だ。特にタイヌビエは、代かきで水田に水が入り酸素が少なくなるとそれを合図に発芽。イネそっくりの姿で人間の目をごまかして生長する。そしてイネよりいち早く花を咲かせ、あっという間に種子をつける。この段階で気付いて除草しようにもちょっと触っただけで種子はボロボロと水田に落ちていき、後の祭りというわけだ。

イヌビエ
Echinochloa crus-galli var. *crus-galli*

イネ科
　高さ60～120cm　　花期7～9月
　畦、休耕田など水田以外のところにも生える1年草。イヌビエの仲間は様々な系統があり、分類は難しい。大型でノギの長いケイヌビエはイヌビエに含まれる。

タイヌビエ
Echinochloa oryzicola

イネ科
　高さ40～90cm　　花期8～10月
　その名の通り、おもに水田に生える1年草。水田環境に最も適応した雑草。イヌビエよりも小穂が大きくコロコロした感じの花序をつけ、色は薄緑色なので見分けられる。

イネの用語図解

20倍のルーペで見てみよう。

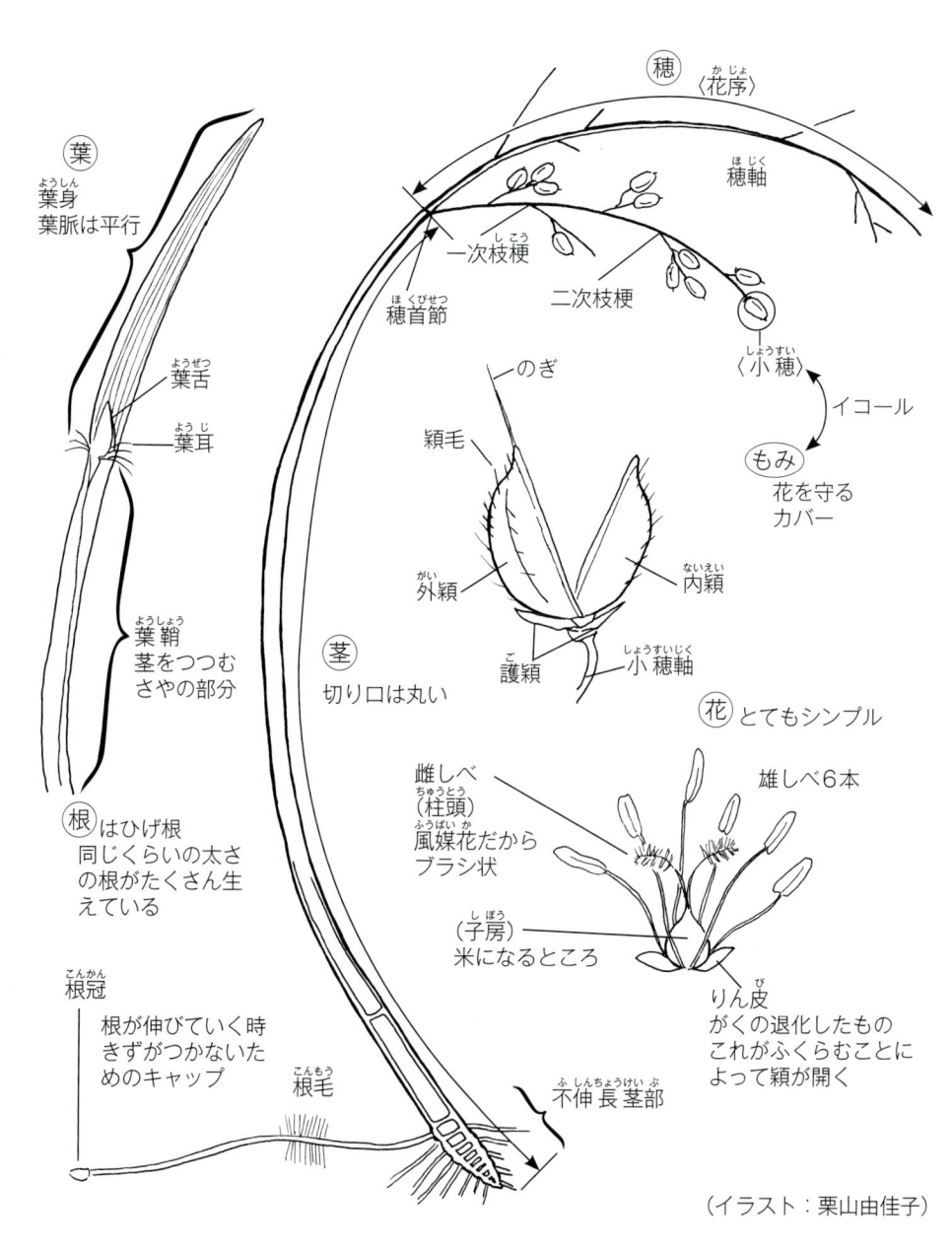

(穂) 〈花序〉
穂軸
一次枝梗
二次枝梗
穂首節
〈小穂〉 イコール
(もみ) 花を守るカバー

(葉)
葉身 葉脈は平行
葉舌
葉耳
葉鞘 茎をつつむさやの部分

のぎ
穎毛
外穎
護穎
内穎
小穂軸

(茎) 切り口は丸い

(花) とてもシンプル
雌しべ（柱頭）風媒花だからブラシ状
雄しべ6本
(子房) 米になるところ
りん皮 がくの退化したもの これがふくらむことによって穎が開く

(根)はひげ根 同じくらいの太さの根がたくさん生えている

根冠 根が伸びていく時きずがつかないためのキャップ
根毛
不伸長茎部

(イラスト：栗山由佳子)

イネとヒエの見分け方

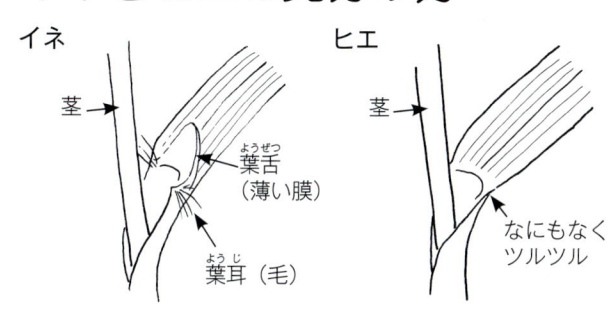

イネ
茎
葉舌（薄い膜）
葉耳（毛）

ヒエ
茎
なにもなくツルツル

古代米の花　シンプルで美しい　(写真：栗山)

昆虫　害虫　天敵　甲殻類・貝類・その他　魚類　両生類　爬虫類　鳥類　ほ乳類　植物

水面に浮いて暮らす水草

止水域に根ごと浮いて漂いながら暮らす浮遊植物と、根は地中にあって葉だけを水面に浮かせる浮葉植物がある。

ウキクサの仲間（浮遊植物）

ウキクサ科

大きさ0.3～1cm　　花期7～9月

流れのない水面に浮かぶ水草。種子植物の中では最も小さく、平たい葉のようにみえるのは、葉と茎が変化したもので、葉状体という。

最も普通に見られるものは、ウキクサとアオウキクサ。ウキクサは殖芽で越冬するため、花はめったに咲かないが、種子で冬を越すアオウキクサは夏、葉状体のねもとに目立たない小さな花をつける。

冬にも水がある水田には、葉状体に厚みと光沢があるコウキクサも見られる。

ウキクサの仲間は、増えると水面をおおって雑草が大きくなるのを押さえる役目をする。

	アオウキクサ *Lemna aoukikusa*	コウキクサ *Lemna minor*	ウキクサ *Spirodela polyrhiza*
葉の裏の色	緑色	緑または紫色	紫色
冬のようす	枯れる	枯れない	枯れる
根の数	1本	1本	3本以上
ねもと	翼がある	翼がない	翼がない
葉の裏	2.5～5mm	2.5～4.5mm	3～10mm

（写真：右・下4枚とも栗山）

ヒルムシロ（浮葉植物）

Potamogeton distinctus

ヒルムシロ科

長さ　～100cm　　花期5～10月

水底から茎を伸ばし、水面にだ円形の葉を浮かせる浮葉植物で水路、溝、水田などに生える多年草。名前は葉をヒルの居場所にたとえたものでムシロ（筵）とは稲わらを編んで作った敷物のこと。夏から秋にかけて5cm前後の穂のような黄緑色の花の集まりが水面に突き出て咲く。近年平地の水田ではあまり見かけなくなった。

増えるヒメガマ、減るガマ・コガマ

ガマの仲間は特徴的な穂で見分けられる。

ガマ （写真：栗山）

ヒメガマ （写真：栗山）  コガマ （写真：栗山）

ガマ類

ガマ科

高さ100〜250cm　　花期5〜8月

　水辺や湿地に生える背の高い多年草で、厚みがあって細長い葉が硬く丈夫な茎を包むように何本も出る。水田では耕作を止めると生えてくるが、種子のほか、太い地下茎でも増える。夏、茎の先に雄花が、その下に雌花が集まってソーセージのような姿でつく。雄花は大量の黄色い花粉を出すと落ちて芯だけが竹串のように残り、雌花は受粉すると淡緑色から茶色になり太くなる。晩秋になるとこの穂がはぜて白い綿毛と共に数えきれないほどの種子が風に乗って運ばれていく。昔はこれを綿の代用品として用いたり、綿に混ぜて布を織ったりしたという。茎はすだれの材料にもなる。古事記「因幡の白兎」で皮をはがれた兎を治したのは、ガマの花粉といわれ、漢方では止血剤として用いられている。

　ガマには3種類あるが、コガマは休耕田のような湿った場所を好み、水の深いところには生えない。ヒメガマが各地で増加しているのに対し、コガマは減少傾向にある。

花	ガマ *Typha latifolia*	ヒメガマ *Typha domingensis*	コガマ *Typha orientalis*
	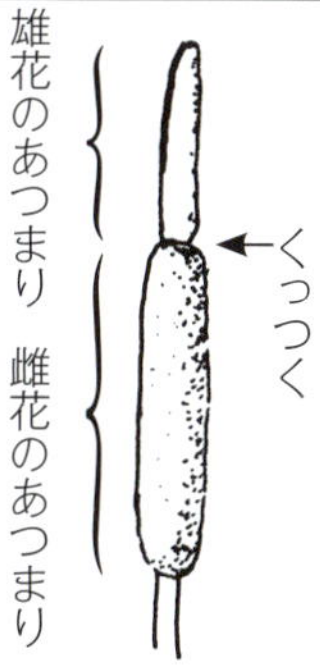 雄花のあつまり／雌花のあつまり　←くっつく	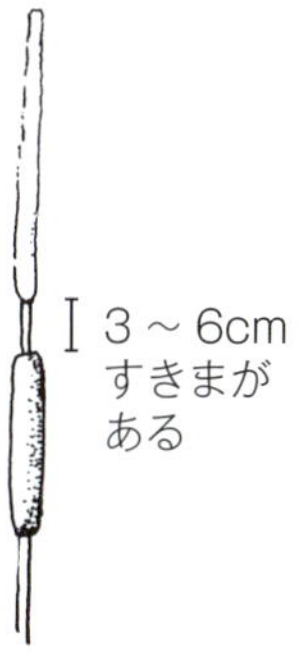 3〜6cmすきまがある	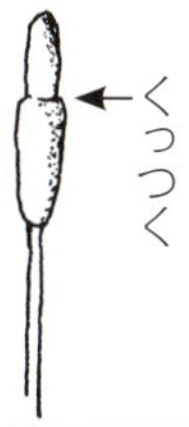 ←くっつく
花期	6月〜7月	6月〜7月	7月〜8月
高さ	約2〜3m	約2〜3m	約1.5m
花粉	4つがくっついている	はなれている	はなれている

はぜたコガマの穂 （写真：栗山）

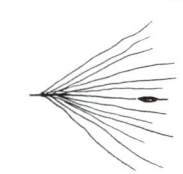

タンポポの綿毛とくらべてみよう

蚊帳をつって遊ぶ草

茎の断面が△のカヤツリグサの仲間は蚊帳吊り遊びができる。

カヤツリグサ　　　　　　　　　　　　　　　（写真：栗山）

カヤツリグサの花序（写真：栗山）　　コゴメガヤツリの花序（写真：栗山）

コゴメガヤツリ　　　　　　　　　　　　　　（写真：栗山）

（写真：栗山）花序（写真：栗山）

カヤツリグサ
Cyperus microiria
カヤツリグサ科

　高さ30～50cm　　花期7～9月
　畔や水田の周辺のやや乾燥したところに生える1年草。全体に緑色で花序は熟すと茶色に変わるが垂れ下がらない。鱗片の先は尖る。カヤツリグサのカヤツリは蚊帳吊りから。三角の茎を両側から裂くと、途中から蚊帳に似た四角形ができる草花遊びに由来する。（蚊帳とは夏、カなどの虫を防ぐために寝室の四隅から吊り下げた細かい網のこと）

コゴメガヤツリ
Cyperus iria
カヤツリグサ科

　高さ30～50cm　　花期8～10月
　畔や休耕田など湿った場所に生える1年草。カヤツリグサに似ているが、花序の枝分かれがもっと込み合っていて、実が熟す頃には重たそうに先が垂れ下がる。花序の色はカヤツリグサに比べて黄色味がかり鱗片の先は尖らずモミのよう。この形が小さな米粒（コゴメ）のようだというのが名前の由来。折ると柑橘系の匂いがする。近年、カヤツリグサに代わってよく目にするようになった。

タマガヤツリ
Cyperus difformis
カヤツリグサ科

　高さ30～60cm　　花期8～10月
　全体に明るい緑色でやわらかい感じの1年草。花は密に集まって球形になるので、球ガヤツリ。熟すと球は褐色を帯びる。水が入った状態の水田に多い傾向がある。

恋うらない
茎の端をふたりで持ってゆっくりさいていく
　　四角は両想い
　　三角は片想い

名前にイと付くけれど……

名前にイと付くがイグサ科ではなく茎の断面が丸いカヤツリグサ科の仲間。

(写真：栗山)

花序 (写真：栗山)

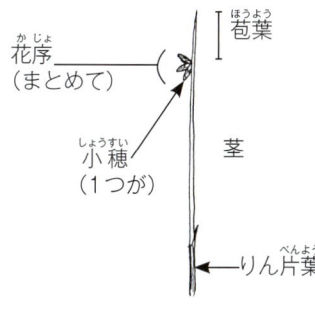

苞葉
花序(まとめて)
小穂(1つが)
茎
りん片葉

(写真：栗山)

横に伸びる地下茎
(写真：栗山)

(写真：栗山)

イヌホタルイ
Schoenoplectus juncoides
カヤツリグサ科

　　高さ40〜60cm　　花期7〜10月
　湿地、休耕田、水田などに生える多年草だが、耕される水田では1年草となる。株立ちした茎の上の方に小穂（小さな花の集まり）が密集してつく。茎の途中につくように見えるが、花序（小穂の集まり）から上は花を包む葉の一種（苞葉）。よく似たものにホタルイがあるが、除草剤に弱く、平野部の水田で見られるものは、ほとんどが除草剤に抵抗性を持つイヌホタルイと思われる。名前は小穂をイグサに蛍が止まっている様子に見立てたもの。

マツバイ
Eleocharis acicularis var. *longiseta*
カヤツリグサ科

　　高さ3〜8cm　　花期6〜9月
　湿地、休耕田、水田などに生える多年草だが、水田では1年草となる。4月頃越冬した地下茎の節から発芽し、根元から糸状の地下茎を浅く横に伸ばして次々と新しい株をつくり、マット状に密生する。6〜9月に花の茎を伸ばし、その先に小穂を1つつける。茎の様子が松葉に似ていることが名前の由来。

ハリイ
Eleocharis congesta
カヤツリグサ科

　　高さ8〜25cm　　花期6〜10月
　貧栄養の水田、休耕田などに生える1年草（時に多年草）。細く針のような茎が多く集まって株となる。マツバイに似るが地下茎はないので見分けられる。いろいろなタイプがあって細かく分類するのは難しい。

昆虫　害虫　天敵　甲殻類・貝類・その他　魚類　両生類　爬虫類　鳥類　ほ乳類　植物

小穂はかわいい丸型

球状の小穂の数や大きさで見分けられる小型のカヤツリグサの仲間。

ヒデリコ　　　　　　　（写真：栗山）　テンツキの小穂
　　　　　　　　　　　　　　　　　　　　　（写真：栗山）

ヒデリコ
Fimbristylis littoralis

カヤツリグサ科

　高さ20 〜 40cm　　花期7 〜 10月
　畦や休耕田など日のよく当たる湿った場所に生える1年草。茎は根元から数本直立して茎の先端からたくさん枝分かれし、丸い小さな小穂を賑やかにつける。葉はアヤメの葉のように平たく、茎の切り口はひし形。水田の中干し時期に目立って元気に見えたことから「日照子」と名が付いたが、乾燥に強いわけではない。似たものにテンツキがあるが小穂は卵型。

（写真：栗山）

ヒンジガヤツリ
Lipocarpha microcephala

カヤツリグサ科

　高さ10 〜 20㎝　　花期8 〜 10月
　湿った畦などに生える1年草。全体に緑白色で、茎のてっぺんに小穂が3 〜 5個集まってつく。その形が「品」の字に似ていることからこの名が付いた。

ヒメクグ
Cyperus brevifolius

カヤツリグサ科

　高さ10 〜 20㎝　　花期7 〜 10月
　湿った畦などに生える多年草。赤かっ色の毛におおわれた地下茎を横に伸ばし、節ごとに1本の茎を立てる。クグはカヤツリグサ類を示す古名。似たものに、アイダクグがある。

（写真：栗山）

淡水の藻

淡水の藻はまだまだ未知の世界。

稲の間を埋めつくすこともある　　　（写真：栗山）

シャジクモ　　　　　　　　　　　（写真：栗山）

アオミドロのなかま　　　　（写真：上下2枚とも栗山）

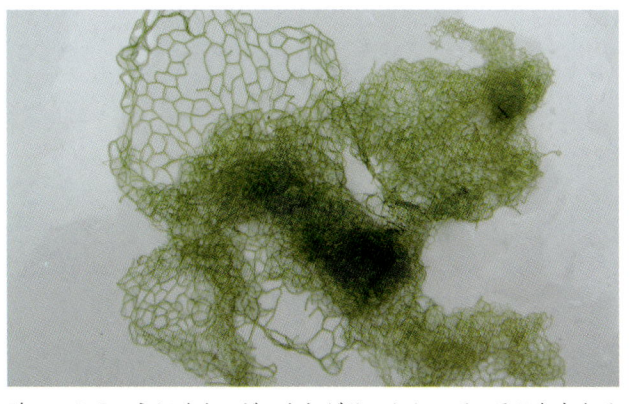

時々、このアミにオタマジャクシがひっかかっていることもある

シャジクモ
Chara braunii

シャジクモ科

　長さ10〜30cm　　胞子をつくる時期5〜10月

　淡水に生える藻類。池や沼などに多く、水田では水がきれいで農薬の影響のないところに生える。花は咲かず、5〜10月にかけて枝の節にオレンジ色の生殖器ができ、卵胞子をつくる。茎は円柱形で各節から小さい枝が輪のように出ている。この様子を車軸に見立ててシャジクモと名付けられた。1つ1つの細胞が大きく見やすいので実験にもつかわれる。環境省では絶滅危惧Ⅱ類に指定されている（県では未調査）。

アオミドロ類

ホシミドロ科

　池や沼にも生えるが、富栄養な水田に多い。田植え後から夏、緑色でぬるっとした髪の毛のような糸状のものが水面をおおうように生えていることがある。これがアオミドロの仲間。顕微鏡でのぞくと、細長い藻の中に葉緑体（光合成を行なう器官）が、ら旋状に入っているのが見える。大発生すると水田の水温が下がりイネの生育が遅れる一方、それを利用して他の草を押さえる方法もあるようだ。水中の生きものに多くの酸素を提供し、時にはエサとなり最後には土に戻って水田の肥料となる大切な存在である。

アミミドロ
Hydrodictyon reticulatum

アミミドロ科

　田植え後の水田でよく見られる。黄緑色で全体は細長い円筒形だが形が崩れて筒になっていないこともある。五角形か六角形の網の目状になっていて、網目の一辺が1個の細胞からできている。

もっとくわしく調べたい人のための参考図書

●生物全般
飯田市美術博物館（編）『田んぼの生きもの　百姓仕事がつくるフィールドガイド』築地書館　2006年
今森光彦『里山いきもの図鑑』童心社　2008年
内山りゅう『田んぼの生き物図鑑』山と渓谷社　2005年
宇根豊・日鷹一雅・赤松富仁『減農薬のための田の虫図鑑─害虫・益虫・ただの虫』農山漁村文化協会　1989年
鹿児島の自然を記録する会（編）『川の生きもの図鑑　鹿児島の水辺から』南方新社　2002年
近藤繁生・谷幸三・高崎保郎・益田芳樹（編）『ため池と水田の生き物図鑑　動物編』トンボ出版　2005年
滋賀自然環境研究会（編）『滋賀の田園の生き物』サンライズ出版　2001年
静岡県環境森林部自然保護室（企画）『まもりたい静岡県の野生生物─県版レッドデータブック─植物編』羽衣出版　2004年
静岡県環境森林部自然保護室（企画）『まもりたい静岡県の野生生物─県版レッドデータブック─動物編』羽衣出版　2004年
静岡県立自然史博物館設立推進協議会（編）『しずおか自然図鑑』静岡新聞社　2001年
自然環境研究センター（編）『日本の外来生物』平凡社　2008年
自然環境復元協会（編）『農村ビオトープ』信山社サイテック　2000年
杉山恵一・中川昭一郎（編）『農村自然環境の保全・復元』朝倉書店　2004年
日本生態学会（編）『外来種ハンドブック』地人書館　2002年
農と自然の研究所『田んぼの生きもの指標』2009年
水谷正一『水田生態工学入門』農山漁村文化協会　2007年
湊秋作（編）『田んぼの生きものおもしろ図鑑』農山漁村文化協会　2006年
メダカ里親の会　編著『田んぼまわりの生きもの　栃木県版』下野新聞社　2004年
守山弘『水田を守るとはどういうことか』農山漁村文化協会　1997年
守山弘『生きものたちの楽園─田畑の生物』自然の中の人間シリーズ・農業と人間編⑤　農山漁村文化協会　2000年
養父志乃夫『田んぼビオトープ入門─豊かな生きものがつくる快適農村環境』農山漁村文化協会　2005年

●昆虫・害虫・天敵
石田昇三・石田勝義・小島圭三・杉村光俊『日本産トンボ幼虫・成虫検索図説』東海大学出版会　1988年
伊藤修四郎・奥谷禎一・日浦勇『原色日本昆虫図鑑（下）』保育社　1977年
上野俊一・黒澤良彦・佐藤正孝（編）『原色日本甲虫図鑑Ⅱ』保育社　1985年
川合禎次・谷田一三（共編）『日本産水生昆虫　科・属・種への検索』東海大学出版会　2005年
農山漁村文化協会（編）『天敵大事典（全２冊）─生態と利用』農山漁村文化協会　2004年
森正人・北山昭『改訂版図説日本のゲンゴロウ』文一総合出版　2002年
日本直翅類学会（編）『バッタ・コオロギ・キリギリス大図鑑』北海道出版会　2006年
静岡県植物防疫協会（編）『写真で見る　農作物病害虫診断ガイドブック　新増補版』静岡県植物防疫協会　2007年
農山漁村文化協会（編）『原色　作物病害虫百科　第２版　１　イネ』農山漁村文化協会　2005年
日本応用動物昆虫学会（編）『農林有害動物・昆虫名鑑　増補改訂版』日本応用動物昆虫学会　2006年
千国安之輔『写真　日本クモ類大図鑑　改訂版』偕成社　2008年
新海栄一『日本のクモ』文一総合出版　2006年
友国雅章（監修）『日本原色カメムシ図鑑』全国農村教育協会　1993年
川村満『黒点米と斑点米』全国農村教育協会　2007年

●甲殻類・貝類・その他
東正雄『原色日本陸産貝類』保育社　1982年
滋賀の理科教材研究委員会（編）『やさしい日本の淡水プランクトン図解ハンドブック』合同出版　2005年
鈴木廣志・佐藤正典『かごしま自然ガイド淡水産のエビとカニ』西日本新聞社　1994年
林健一（編）『日本産エビ類の分類と生態Ⅱ　コエビ下目（1）』生物研究社　2007年
増田修・内山りゅう『日本産淡水貝類図鑑②汽水域を含む全国の淡水貝類』ピーシーズ　2004年
山崎浩二（編）『シュリンプ＆スネイル淡水のエビと巻貝の仲間』ピーシーズ　2000年
山崎浩二『手に取るようにわかるエビ・カニ・ザリガニの飼い方』ピーシーズ　2002年
山崎浩二『淡水産エビ・カニハンドブック』文一総合出版　2008年
増田修・波部忠重『東海大学自然史博物館研究報告第3号静岡県陸淡水産貝類相』東海大学自然史博物館　1989年

●魚類
板井隆彦『静岡県の淡水魚類』第一法規出版　1982年
板井隆彦（編）『静岡県　川と海辺のさかな図鑑』静岡新聞社　1989年
板井隆彦『麻機遊水池の自然シリーズ4．巴川の魚類』静岡県静岡土木事務所　2007年
川那部浩哉（監）『淡水魚』改訂版　東海大学出版会　1993年
川那部浩哉・水野信彦・細谷和海（編）『日本の淡水魚』改訂版　山と渓谷社　2001年
宮地伝三郎『淡水の動物誌』朝日新聞社　1963年
宮地伝三郎・川那部浩哉・水野信彦『原色日本淡水魚類図鑑』全面改定新版　保育社　1976年
水野信彦・御勢久右衛門『河川の生態学』補訂・新装版　築地書館　1993年

●両生類・爬虫類
内山りゅう・前田憲男・沼田研児・関慎太郎『決定版日本の両生爬虫類』平凡社　2002年
前田憲男・松井正文『日本カエル図鑑』文一総合出版　1989年

●鳥類
麻機湿原を保全する会（編）『麻機遊水地の自然　シリーズ1野鳥』静岡県静岡土木事務所　2004年
静岡の鳥編集委員会（編）『静岡県の鳥類』静岡県環境部自然保護課・静岡の鳥編集委員会　1998年
高野伸二・谷口高司・森岡照明・叶内拓哉『フィールドガイド日本の野鳥・増補改訂版』（財）日本野鳥の会　2007年
真木広造・大西敏一『決定版　日本の野鳥590』平凡社　2000年
叶内拓哉・安部直哉『日本の野鳥』山と渓谷社　1998年

●ほ乳類
鳥居春己『静岡県の哺乳類―静岡県の自然環境シリーズ―』第一法規　1989年
日高敏隆（監修）『日本動物大百科1哺乳類Ⅰ』平凡社　1996年
三宅隆『静岡県の哺乳類・資料編』静岡県自然環境調査委員会哺乳類部会　2005年
阿部永ほか『日本の哺乳類・改訂版』東海大学出版会　2005年

●植物
岩瀬　徹『形とくらしの雑草図鑑』全国農村教育協会　2007年
長田武正『検索入門　野草図鑑』（全8巻）保育社
角野康郎『日本水草図鑑』文一総合出版　1994年
農と自然の研究所『田んぼの草花指標』2009年
浜島繁隆・須賀瑛文（編）『ため池と水田の生き物図鑑　植物編』トンボ出版　2005年
平野隆久・菱山忠三郎・畔上能力・西田尚道『野に咲く花』山と渓谷社　1989年
広田伸七『ミニ雑草図鑑　雑草の見分けかた』全国農村教育協会　1996年

索引

ア

葵　200
アオウキクサ　208
アオサギ　156
アオダイショウ　146
アオバアリガタハネカクシ　86
アオミドロ類　213
アオムシヒラタヒメバチ　85
アオモンイトトンボ　41
アカウキクサ　177
アカスジカスミカメ　70、72
アカテガニ　96
アカハライモリ　144
アカヒゲホソミドリカスミカメ　72
アカブト　121
アカマンマ　179
アカムシ　93
アキアカネ　51、55
アキノエノコログサ　205
アザミ　195
アジアイトトンボ　41、54
アジアカブトエビ　89
アズマヒキガエル　140、142、143
畔　193、198
アゼナ　192
アゼムシロ　193
アゾラ　177
アブ　163、190
アブノメ　190、191
アブラコウモリ　174
アブラッパヤ　123
アブラナ科　182
アブラハヤ　114、122、123、133
アブラメト　45
アフリカツメガエル　141
アマガエル　31
アマゴ　129
アマサギ　154、155
アミミドロ　213
アメリカアゼナ　192
アメリカカブトエビ　89
アメリカザリガニ　104、105
アメリカセンダングサ　194
アメリカタカサブロウ　194
アメンボ　37、38、39
アヤメ　212
アユ　114、122、129
アライグマ　129
アリジゴク　62
アレチヌスビトハギ　194

イ

アワヨトウ　85、86
イ　199
イオウイロハシリグモ　81
イグサ　199、211
イシガイ　110、111、119
イシガメ　150
イシビル　91
イタチ　174
イタリアンライグラス　68、70、72
イチモンジセセリ　65、85、86
イチョウ　177
イチョウウキゴケ　177
イトアメンボ　35
イトトンボ類　40
イトミミズ　91、92、93
イトミミズ属　92
イトミミズ類　92
イトモロコ　114、129、133
イナゴ類　80
イナダハリゲコモリグモ　78
イヌガラシ　182
イヌタデ　179
イヌビエ　206
イヌホタルイ　211
イネ　64、65、66、67、68、70、
　　　71、72、73、74、76、77、
　　　79、80、82、87、93、189、
　　　204、206、207、213
イネアオムシ　65
イネアオムシサムライコマユバチ　86
イネ科　66、67、70、71、72、172
イネクロカメムシ　73
イネゾウムシ　67
イネヅトムシ　65、85、86
イネミズゾウムシ　67
イノシシ　173
イボクサ　202

ウ

ウキクサ　184、208
ウキクサの仲間（浮遊植物）　208
ウキゴリ　115、132、134
ウキゴリ類　134
ウグイ　114
ウグイス　166
ウシガエル　105、140、142、143
ウシノヒタイ　178
ウシハコベ　180

ウスイロササキリ　57
ウスイロシマゲンゴロウ　24
ウスゲチョウジタデ　186
ウスバキトンボ　50、55
ウタツハリバエ　86
ウナギ　115
ウマビル　91
ウラジロチチコグサ　195
ウリカワ　197
ウンカ　68、76、79、80、87
ウンカシヘンチュウ　84
ウンカタカラダニ　84
ウンカ類　80、82、84

エ

エサキコミズムシ　33
エゾミソハギ　185
エノコログサ類　205
エラミミズ属　92
エンマコオロギ　58、87

オ

オイカワ　114、116、121、122、129
オオアブノメ　191
オオアメンボ　37
オオイヌノフグリ　193
オオウナギ　117
オオオナモミ　196
オオカナダモ　197
オオカマキリ　83
オオカワヂシャ　191
オオキンブナ　114、117、133
オオクチバス　114、129
オオコオイムシ　32
オオシオカラトンボ　49、55
オオバコ　197
オオムギ　71
オオヨシノボリ　131
オカダトカゲ　149
オカメコオロギ　58
オカモノアラガイ類　109
オキナワイトアメンボ　35
オタマジャクシ　31、139
オナガガモ　170
オニボウフラ　61
オニヤンマ　47、55
オモダカ　196
オランダガラシ　182
オランダミミナグサ　180
オンジョ　45

オンブバッタ　60

カ

カ　61
蛾　174
カーリー　122
カイアシ亜綱　90
カイエビ類　89
カイミジンコ類　90
カイムシ亜綱　90
カエル　127、138、139、140、
　　　　141、146、147、148、
　　　　156、158、163、173、
　　　　181、198
カエル幼生　28、31
カエル類　30、136、154、155、
　　　　156、174
カゲロウの幼虫　62
カシラダカ　167
カズノコグサ　204
カタツムリ　109
カタビロアメンボ類　36
カダヤシ　114、128、129、133
カトリヤンマ　44、54
カナヘビ　158、163
カニ　94、96
カの幼虫　61
カブ　189
カブトエビ　89
ガマ　209
カマキリ（チョウセンカマキリ）　83、92、
　　　　152
カマキリ類　83
カマツカ　114、129、133
ガマ類　209
ガムシ　15、26
カムルチー　114
カメムシ類　73
カモ　157、170
カモメ　157
カヤ　172
カヤツリグサ　210
カヤネズミ　172
カラシナ　182
カラス　154、157、160、169
カラスヘビ　147
カラドジョウ　115、124、133
カリヤサムライコマユバチ　86
ガ類　79、82
カルガモ　157、170
カワアナゴ　115
カワスズメ　114
カワヂシャ　191
カワニナ　14、109
カワニナ類　108
カワバタモロコ　114、120、129、133

カワムツ　114、120、121、122、133
カワヨシノボリ　115、130、131、134
カワラヒワ　167

キ

キアゲハ　188
キイトトンボ　40
キイロヒラタガムシ　19
キカシグサ　185
キク　190
キクヅキコモリグモ　76、78
キクモ　190
キジ　158、162
ギシギシ　179
キジバト　162
寄生蠅類　86
キチキチバッタ　60
キツネ　181、195
キツネアザミ　195
キツネノボタン　181
キバラコモリグモ　77、78
キャベツ　182
キンエノコロ　205
ギンガオハリバエ　86
キンギョ　114、133
ギンブナ　114、117、129、133
キンポウゲ属　183
ギンヤンマ　45、54

ク

クサイ　199
クサガメ　150
クサキリ　56
ケビキリギリス　57
クモ　76、79、149、152、165
クモヘリカメムシ　71
クモ類　80
クレソン　182
クロイトトンボ　42
クローバー　183
クローブ　186
グロキディウム幼生　111
クロゲンゴロウ　25
クロスジギンヤンマ　45、54
クロズマメゲンゴロウ　21
クロベンケイガニ　96
クロモ　197
クロヨシノボリ　130、131
クワイ　196

ケ

ケイヌビエ　206
ケキツネノボタン　181
ケラ　59、165

ケリ　160
ゲンゲ　183、205
ゲンゴロウ　22、23、26、27
ゲンゴロウブナ　114、117、129、133
ゲンジボタル　14、109
ケンミジンコ類　90

コ

コイ　114、116、129、133
ゴイサギ　154
コウガイセキショウ　199
コウキクサ　208
コウモリ　174
コウモリ類　174
コオイムシ　32
コオニタビラコ　188、189
コオロギ　58
コオロギ類　58、87
コカゲロウ科　62
コガシラミズムシ　19
コガタノゲンゴロウ　27
コカナダモ　197
コガネグモ　80
コガマ　209
コカマキリ　83
コガムシ　16
コガモ　170
ゴギョウ　189、195
コケ　177、193
コゴメガヤツリ　210
コサギ　155、156
コサナエ　47、55
コシボソヤンマ　43、54
コシマゲンゴロウ　24
コセアカアメンボ　38、39
コセンダングサ　194
コチドリ　161
コツブゲンゴロウ　20
コナギ　200
コノシメトンボ　52、53
コハコベ　180
コバネイナゴ　74
コバネササキリ　57
コブナグサ　203
コブノメイガ　64、76、85、87
ゴボウ　182
コマツモムシ　34
ゴマフガムシ　18
コマユバチ科の寄生蜂　86
ゴミムシ　87
コムギ　68、71
ゴモクムシ類　87
コモチカワツボ　109

サ

サカマキガイ　108
サギ　193
サギゴケ　193
サギ類　156
ササ　66
ササキリ類　57
サデクサ　178
サナエトンボ類　46
サホコカゲロウ　62
サラグモ類　82
ザリガニ　105、154、174
サワガニ　94
サンショウ　177
サンショウモ　177

シ

シオカラトンボ　48、49、55
シオヤトンボ　48、55
シギ　161
シコクアシナガグモ　79
シソ科　187、188
シソクサ　190
シダ　176、177
シマゲンゴロウ　23
シマドジョウ　115、124、125、134
シマヘビ　147
シマヨシノボリ　115、130、131、134
シャジクモ　93
ジャンボタニシ　106
ジュズダマ　203
シュレーゲルアオガエル　136、141、142
ショウジョウトンボ　50
ショウリョウバッタ　60
ショウリョウバッタモドキ　60
植物プランクトン　33、90
ショクヨウガエル　140
シラサギ　155
シラサギ類　155、156
シロツメクサ　183

ス

水生カメムシ類　35
スイバ　179
スカシタゴボウ　182
スギ　71
スクミリンゴガイ　106
スジエビ　97
スジゲンゴロウ　27
スジシマドジョウ小型種　124
スジシマドジョウ小型種東海型　115、125、134

スジブトハシリグモ　81
ススキ　70、172、203
スズシロ　189
スズナ　189
スズムシ　58
スズメ　166、168、204、205
スズメノカタビラ　72、204
スズメノテッポウ　72、205
スッポン　151
スミウキゴリ　115、132、134

セ

セイヨウアブラナ　182
セキショウ　199
セジロウンカ　68、69
セスジアカムネグモ　82
セッカ　166
セトガヤ　205
ゼニガメ　150
セリ　188、189
センダン　194

ソ

ゾエア幼生　95、97、98
ソーシキバナ　198
ソバ　178

タ

タイ　200
タイコウチ　28
ダイコン　182、189
ダイサギ　155、156
ダイズ　71
タイヌビエ　206
タイリクバラタナゴ　114、119、129、133
タイワンシジミ　112
タウナギ　115
タカ　157
タガイ　111
タカサブロウ　194
タカハヤ　114、123、133
タガメ　26、30、31
タガラシ　181
タケ　66
タケトアゼナ　192
タゲリ　160
タシギ　161
タデ　178、179
タナゴ　133
タナゴ類　116、118
タナビラ　118
タニシ　91、108、116
タヌキ　173

タネツケバナ　182
タヒバリ　165
タベサナエ　46
タマガムシ　17
タマガヤツリ　210
タマシギ　159
タメ類　173
タモロコ　114、119、120、133
ダンゴムシ　90
タンボコオロギ　58、87
タンポポ　195

チ

チカダイ　114
稚ガニ　95
チキチキバッタ　60
チシャ　191
チスイビル　91
チチコグサ　195
チチコグサモドキ　195
チドリ　160
チビゲンゴロウ　20
チビコモリグモ　78
チビミズムシ亜科　33
チュウサギ　155
チョウ　76、164
チョウジ　186
チョウジタデ　186
チョウセンイタチ　174
チョウトンボ　50
チョウ目　80

ツ

つき草　202
ツグミ　165
ツチガエル　139、142、143
ツバメ　163
ツブゲンゴロウ　21
ツマグロヨコバイ　69、76、82
ツユクサ　202
ツリガネムシ　20
ツルスズメノカタビラ　204

テ

テナガエビ　98、99
テナガエビ科　97

ト

トウシンソウ　199
動物プランクトン　128
トウモロコシ　71
トウヨシノボリ　131
トウヨシノボリ池沼型　115、130、134

ト

トキワハゼ　193
ドクバナ　198
トゲシラホシカメムシ　72
トゲナシヌマエビ　102
トゲバゴマフガムシ　18
トゲヒシバッタ　59
ドジョウ　115、124、126、133
ドジョウ類　116、133
トノサマガエル　31、138、142、143
トビ　157、160
トビイロウンカ　69、84
ドブガイ　119
ドブガイ類　111
トンボ　49、105、164
トンボ類　48、163

ナ

ナガオカモノアラガイ　109
ナガコガネグモ　80
ナガレホトケドジョウ　115、126
ナギ　200
ナゴヤダルマガエル　138、142、143
ナズナ　182、188、189
ナツアカネ　51
ナデシコ科　184
ナマズ　114、127
ナミアメンボ　37

ニ

ニガヒラ　118
ニカメイガ　64、76、79、85、86
ニカメイチュウ　64
ニゴイ　129
ニジマス　129
ニセアカムネグモ　82
ニホンアカガエル　137、142、143
ニホンアマガエル　137、142、143
ニホンイシガメ　150
ニホンイモリ　144
ニホンカナヘビ　149
ニホンスッポン　151
ニホントカゲ　149
ニホンマムシ　146

ヌ

ヌカエビ　100、101
ヌマエビ　100、101
ヌマエビ類　100
ヌマガイ　111
ヌマガエル　30、139、143
ヌマチチブ　115
ヌマムツ　114、121、122、133

ネ

ネアカヨシヤンマ　44、54
ネギバヤ　122
ネコジャラシ　205
ネズミ　146、147、172、198
ネズミ類　154、156

ノ

ノシメトンボ　52、53
ノチドメ　193
ノネズミ類　173、174
ノビエの仲間（擬態雑草）　206
ノビル　189、200
ノミノフスマ　180
ノメッチョ　123

ハ

ハイイロゲンゴロウ　23
ハイイロチビミズムシ　33
ハエ　163
ハクセキレイ　164
ハコベ　180、184、189
ハコベラ　189
ハコボレグサ　198
ハシビロガモ　170
ハシブトガラス　169
ハシボソガラス　169
ハシリグモ類　81
ハス　183
ハゼ　132
ハゼのなかま　134
ハゼ類　133
ハチ　183
パチパチグサ　190
ハッカケ　198
バッタ　59、156、161
バッタ類　57、154、155
バットディテクター　174
ハト　162
ハナグモ　82
ハネナガイナゴ　74
ハハコグサ　189
ハマキヤドリバエ　86
ハヤ　121、122、133
ハヤ類　116
ハラビロカマキリ　83
ハラビロトンボ　49、55
ハリイ　211
ハリガネムシ類　92
ハリゲコモリグモ　78
バン　159
斑点米カメムシ類　73

ヒ

ピーピーグサ　205
ヒエ　70、206、207
ヒエ類　93
ヒガシキリギリス　56
ヒガンバナ　198
ヒクイナ　158
ヒコバエ　65
ヒシバッタ類　59
ヒデリコ　212
ヒドリガモ　170
ヒナモロコ　129
ヒノマルコモリグモ　77
ヒバカリ　148
ヒバリ　162
ヒマワリ　167
ヒメアメンボ　38
ヒメイトアメンボ　35
ヒメオドリコソウ　187
ヒメガマ　209
ヒメガムシ　16
ヒメゲンゴロウ　22
ヒメジャノメ　66
ヒメタイコウチ　28
ヒメダカ　128
ヒメタニシ　106
ヒメトビウンカ　68
ヒメヌマエビ　102
ヒメマルミズムシ　35
ヒメミズカマキリ　29
ヒメミソハギ　185
ヒメモノアラガイ　109
ヒラテテナガエビ　98、99
ヒル　208
ヒルムシロ（浮葉植物）　208
ヒル類　91

フ

フジイコモリグモ　77
フタオビコヤガ　65、79、82、85、86、87
フタスジサナエ　46
フタバカゲロウ類の幼虫　62
ブト　121
フナ　116、133
フナムシ　90
フナ類　117
フネドブガイ　111
ブランコヤドリバエ　86
ブルーギル　114、129

ヘ

ヘイケボタル　14

219

ベッコウトンボ　105
ヘビ　146、147、148、173、198
ヘラオモダカ　196
ヘラブナ　114、117
ベンケイガニ亜科　96
ベンベングサ　188

ホ

ホウネンエビ　88、89
ホウネンタワラバチ　85
ボウフラ　61、128
ホオジロ　166
ホシゴイ　154
ホソイ　199
ホソバヒメミソハギ　185
ホソハリカメムシ　70
ホソミオツネントンボ　42
ホタルイ　211
牡丹　181
ホテイアオイ　201
ホトケドジョウ　115、126、133
ホトケノザ　187、188、189

マ

マイマイ　109
マガモ　170
マシジミ類　112
マツ　71
マツカサガイ　110、111、118
マツバイ　211
マツムシ　58
マツモムシ　33、34
ママコノシリヌグイ　178
マメガムシ　17
マメゲンゴロウ　22
マメシジミ類　112
マユタテアカネ　52、55
マルガタゲンゴロウ　27
マルタニシ　93、106
マルタンヤンマ　45、54
マルバツユクサ　202
マルミズムシ　35

ミ

ミシシッピアカミミガメ　151
ミジンコ　89
ミジンコ類　89
ミズアオイ　200
ミズアブ　61
ミズアブ類の幼虫　61
ミズオオバコ　197
ミズカマキリ　29
ミズギワカメムシ類　39
ミズスマシ　25、26

ミズニラ　176
ミズネコノオ　187
ミズハコベ　184
ミズムシ　90
ミズムシ類　33
ミズワラビ　176
ミゾカクシ　193
ミゾコウジュ　187
ミゾソバ　178
ミソハギ　185
ミゾハコベ　184
ミゾレヌマエビ　100、102
ミドリガメ　151
ミドリハコベ　180
ミナミアオカメムシ　71
ミナミテナガエビ　98、99
ミナミヌマエビ　100、103
ミノゴメ　204
ミミズ　59、148、159、161、172、173
ミヤマアカネ　52
ミルンヤンマ　43、54

ム

ムギ　71
ムギワラトンボ　48
ムクドリ　168
ムスジイトトンボ　41
ムツオレグサ　204

メ

メガロバ　95
メダカ　114、128、133
メト　45
メヒシバ　68、70
メミズムシ　33

モ

モートンイトトンボ　40
モクズガニ　95
モグラ　59、172、198
モズ　163
モツゴ　114、116、133
モノアラガイ　14、15、108、109
モノアラガイ類　108
モノサシトンボ　42
モミ　210
モロコ　133
モロコ類　116

ヤ

ヤゴ　54、105
ヤスマツアメンボ　39

ヤナギタデ　179
ヤブヤンマ　44、54
ヤマアカガエル　137、142、143
ヤマカガシ　147
ヤマトシジミ　112
ヤマトヌマエビ　103
ヤマバト　162
ヤマビル　91
ヤマベ　122
ヤリタナゴ　114、118、133
ヤンマ　44、47
ヤンマ類　43

ユ

ユキミソウ　187
ユスリカ　152、174
ユスリカの幼虫　92、93
ユスリカ類の幼虫　62
ユリミミズ属　92

ヨ

ヨコバイ類　76、79、80、87
ヨシ　119、120
ヨシノボリのなかま　130
ヨシノボリ類　133、134
ヨトウ類　79
ヨバイグサ　202
ヨメナ　189
ヨモギ　195

ラ

ラナンクルス　181

リ

リスアカネ　52、53

ル

ルリヨシノボリ　131

レ

レタス　191
レンゲ　162
レンゲ草　183

ワ

ワラビ　176

執筆者（五十音順）

板井隆彦（静岡県立大学食品栄養科学部非常勤講師・静岡淡水魚研究会会長）

稲垣栄洋（静岡県農林技術研究所環境水田プロジェクト）

北野忠（東海大学教養学部人間環境学科准教授）

栗山由佳子（静岡・田んぼと遊ぶ会代表）

伴野正志（（財）日本野鳥の会評議員・日本鳥学会会員）

松野和夫（静岡県農林技術研究所環境水田プロジェクト）

写真提供（五十音順）

安藤晴康	飯塚久志	池田二三高	石田和男	板井隆彦	市原 実
稲垣栄洋	上野高敏	宇根 豊	大仲知樹	緒方清人	狩野暁雄
北野 忠	栗山由佳子	小池正明	小泉金次	小林正明	阪尾朋子
佐野真吾	自然環境研究センター（JWRC）		島津幸枝	鈴木陽介
関岡東生	築地琢郎	伴野正志	平井一男	藤吉正明	松野和夫
丸山啓輔	三宅 隆	守屋伸生	和田眞人		

協力（五十音順）

今井 正　　大仲知樹　　大貫貴清

苅部治紀（神奈川県立生命の星・地球博物館）　　國領康弘　　小早川和也

園原哲司　　西垣 亮　　濱田康正　　東浦郁恵

細田昭博（桶ヶ谷沼ビジターセンター）　　松澤貴之　　宮崎一夫　　山田充哉

静岡県田んぼの生き物図鑑

2010年6月24日 初版発行

編　者／静岡県農林技術研究所
発行者／松井 純
発行所／（株）静岡新聞社
　　　　〒422-8033　静岡市駿河区登呂3-1-1
　　　　電話：054-284-1666
制　作／株式会社 創碧社

印刷・製本／中部印刷株式会社
ISBN978-4-7838-0547-2　C0645